AF639771

Erkennt die Pflanzen

Bei den Artporträts zu den Pflanzen findet ihr Wildblumen, Gräser, Bäume und Sträucher. Die Artenseiten werden außerdem aufgelockert von zehn Special-Doppelseiten, auf denen ihr besonderen Gruppen kennenlernt, z. B. Feld- oder Gartenfrüchte oder nützliche Heckenpflanzen. Diese besonderen Special-Seiten gibt es sowohl zu Tier- als auch zu Pflanzenthemen (siehe unten).

AB SEITE 236

Wildblumen & Gräser

AB SEITE 294

Bäume & Sträucher

Specials

Katharina Hedder

FAMILIEN NATURFÜHRER

Wow-Wissen: 300 Tiere & Pflanzen
Nature-Activitys: gemeinsam die Natur erleben **mit 50 Mitmachideen**

KOSMOS

INHALT

KOSMOS PLUS

Alle Tierstimmen im Buch findet ihr auf der App **KOSMOS PLUS**, Infos dazu auf der hinteren Umschlagklappe.

Mit dem genialen Kosmos-Farbcode findet ihr euch ganz schnell im Buch zurecht!

Die Arten entdecken: Was ist das? 118

Specials

GEMEINSAM DIE NATUR ERLEBEN

Entdecken, spielen und erforschen

Was gibt es Schöneres, als einen Ausflug mit Familie und Freunden in Feld, Wald und Wiese oder vielleicht sogar am Strand zu machen? Wir verlassen für eine Zeit unseren Alltag und tauchen ein in eine faszinierende, bunte Welt – und wenn wir Glück haben, liegt sie direkt vor unserer Haustür. Ob wir einfach nur spazieren gehen, eine längere Wanderung machen oder mit dem Rad fahren – es gibt zu jeder Jahreszeit viele verschiedene Tiere und Pflanzen zu sehen und reichlich Neues zu entdecken.

Wenn sich dabei Erwachsene und Kinder gemeinsam auf den Weg machen, profitieren beide Seiten voneinander: Erwachsene können zusammen mit Kindern wieder staunen und alles noch einmal aus einer anderen Perspektive erleben. Kinder können von den Erwachsenen lernen, wie man Tiere und Pflanzen bestimmt: Wie unterscheidet sich eine Amsel von einer Drossel? Aus welcher Raupe wird welcher Schmetterling? Was ist das für ein Krabbeltier? Welche Beeren im Wald kann man essen, welche nicht? Groß und Klein können gemeinsam eine Maipfeife schnitzen, ihren Tastsinn trainieren oder

⟵ Im Wald ist es das ganze Jahr über spannend. Lasst euch überraschen!

↑ Ob Raupe oder Pflanze: Könnt ihr eine von beiden Arten bestimmen, lässt sich oft leicht auf die andere Art schließen – hier die Raupe eines Großen Kohlweißlings (S. 218).

später zuhause Löwenzahngelee kochen. Es lohnt sich also, im Team Altbekanntes wieder zu entdecken und Neues zu erfahren.

Mit Spiel und Spaß

Weil es am meisten Spaß macht und man am besten lernt, wenn man etwas beim Spielen entdeckt, wenn man Dinge anfassen und fühlen kann oder ausprobieren darf, was man aus natürlichen Materialien herstellen kann, findet ihr vor den Tier- und Pflanzenporträts ab Seite 16 den Activity-Teil: 50 kleine Projekte und Spielideen zeigen euch, was ihr im Garten, auf Feld und Wiese, im Wald, am Bach und See oder am Strand alles tun könnt. Manche Spielideen finden ganz im Freien statt, bei anderen Vorschlägen müsst ihr erst in der Natur oder im Garten Beeren, Blüten, Steine oder andere Dinge sammeln, bevor ihr zuhause basteln, kochen oder ein spannendes Experiment machen könnt.

Tiere und Pflanzen kennenlernen

Seid ihr neugierig geworden und wollt wissen, was genau ihr bei euren Ausflügen alles gesehen habt? Dann könnt ihr im Bestimmungsteil ab Seite 118 nachschlagen. Hier werden über 300 Tier- und Pflanzenarten in Porträts vorgestellt. Anhand der Fotos könnt ihr eure Funde oder Beobachtungen identifizieren. Die Texte verraten euch das Wichtigste über die verschiedenen Tiere und Pflanzen.

DER NATUR MIT RESPEKT BEGEGNEN

... und verantwortungsvoll handeln

Die Natur ist unsere Lebensgrundlage: Sie liefert uns reine Luft, sauberes Trinkwasser, Nahrung und Rohstoffe. Doch die Weltbevölkerung wächst immer schneller, immer mehr Menschen brauchen Nahrung und Wohnraum. Und vor allem in den westlichen Ländern konsumieren wir aufgrund unseres modernen Lebensstils immer mehr und möchten viele Dinge haben – ganz gleich, ob wir sie wirklich brauchen oder nicht. Diese Lebensweise kostet große Mengen natürlicher Ressourcen. In der Folge werden die Lebensräume vieler Tier- und Pflanzenarten immer kleiner oder schließlich ganz zerstört. Dies führt mittlerweile zu einem gewaltigen Artensterben. Weitere Auswirkungen bekommen wir auch in Form des Klimawandels deutlich zu spüren.

Allmählich wird immer mehr Menschen bewusst, dass wir mit diesem Verhalten unsere Lebensgrundlage zerstören. Begriffe wie Umweltschutz, Klimaschutz und Artenvielfalt sind hochaktuell. Auf der anderen Seite wissen wir immer weniger über die Natur. Wir haben uns in vielen Bereichen unseres Alltags weit von ihr entfernt. Viele Kinder kennen heute kaum noch die häufigsten Vogelarten und wissen nicht mehr, welche Wildfrüchte man essen kann.

← Erst tiefschwarz sind Brombeeren (S. 316) süß und saftig. Das muss man wissen, wenn man sie pflücken und essen möchte.

„Wen anders als die Natur können wir fragen, um zu wissen, wie wir leben sollen, um wohl zu leben?"
CHRISTOPH MARTIN WIELAND (1733-1813)

↑ Wer ihn als Kind gesehen hat, wird ihn nie mehr vergessen: Der Kleine Fuchs (S. 221) ist hübsch und einprägsam.

Mit Neugier und Begeisterung

Doch das muss nicht so sein. Wenn wir mit unseren Kindern wieder mehr in den Wald, über Wiesen oder an Bäche gehen, wenn sie staunend die Vielfalt der Tiere und Pflanzen erkennen und ganz ohne Spielzeug einen Tag voller Spannung und Abenteuer in der Natur erleben, wird ihre Neugier und Begeisterung geweckt. Dann können Kinder ein Bewusstsein für die Natur entwickeln, das ihr Handeln vielleicht verändert. Je früher sie diesen Zugang zur Natur bekommen, umso besser.

Denn nur wenn wir die Natur kennen und Zusammenhänge verstehen, können wir ihr mit Respekt und angemessenem Verhalten begegnen. Aktiver Naturschutz beginnt schon im Kleinen. Oft sind es alltägliche Entscheidungen, die einen Unterschied machen: Welche Pflanze ist an diesen Standort im Garten angepasst und wird gut wachsen? Soll ich Gartenvögel füttern und wenn ja, womit? Und aus welchem nachhaltig gewonnenen Holz sollen die neuen Möbel sein? Wenn wir uns den Folgen unserer Entscheidungen bewusst sind, sind wir eher dazu bereit, Rücksicht auf die Natur zu nehmen. Wir müssen nicht von heute auf morgen alles anders machen. Schrittweise Veränderungen fallen uns leichter und verantwortungsvolles Handeln wird ganz intuitiv, wenn wir – möglichst schon als Kind – in das Thema hineinwachsen.

WIE ALLES MIT ALLEM ZUSAMMENHÄNGT

Die Netzwerke der Natur

Eine gute Artenkenntnis ist die Basis für das Verständnis der Vorgänge und Zusammenhänge in der Natur – und für vorausschauende Entscheidungen. Jede Art – ob Florfliege oder Rothirsch, ob Gänseblümchen oder mächtige Eiche – hat ihren Platz, ihren Wirkungskreis und ihren Einfluss auf andere Arten. Dieses Gesamtgefüge kann man sich wie ein großes Getriebe mit vielen verschiedenen Zahnrädern vorstellen. Die Rädchen greifen ineinander, und sobald eines davon plötzlich anders läuft oder ausfällt, kommt es zu mehr oder weniger großen Veränderungen des ganzen Systems.

Spricht man von den Leistungen eines Ökosystems, meint man damit die »Dienstleistungen«, die natürliche Lebensräume und Lebewesen für uns Menschen erbringen und von denen wir profitieren. Mit dem Verständnis für die Einzelleistungen von Arten können wir die gemeinschaftliche Leistung viel besser verstehen und schützen.

Wenn wir wissen, welcher Baum vor uns steht, welche Insekten auf ihm leben, welcher Vogel sich wiederum von diesen Insekten ernährt und aus welchem Grund bestimmte Pflanzen und Tiere in der Nähe zu finden sind, dann können wir besser einordnen,

← Gänseblümchen (S. 259) sind Überlebenskünstler und eine verlässliche Nahrungsquelle für Insekten.

↑ Unscheinbare Meisterwerke: die Nesthügel von Ameisen.

welche Rolle ein Stück Natur spielt und was jede Art zum Funktionieren dieses Ökosystems beiträgt. Dass zum Beispiel die eher unscheinbare Rote Waldameise (S. 204) ein Lebewesen ist, von dessen Wirken viele andere Arten abhängen, wird erst deutlich, wenn wir ihr Umfeld genau betrachten: Ameisen beseitigen tote Biomasse von der Oberfläche des Waldbodens und tragen damit wichtige Nährstoffe in den Boden ein. Ihre unterirdischen Gangsysteme belüften den Boden, der dadurch für Organismen – sogenannte Zersetzer – lebenswert wird, die wiederum totes Tier- und Pflanzenmaterial abbauen und so Nährstoffe für Pflanzenwurzeln nutzbar machen.
In der Folge kann der Boden mehr Wasser speichern, das Pflanzenwachstum wird gefördert und die Pflanzen können Kohlenstoff binden und Sauerstoff freisetzen. Außerdem verdunsten Pflanzen Wasser und regulieren so die Lufttemperatur, sie filtern Schmutzpartikel aus der Luft, klären und speichern mit ihren Wurzeln Wasser und machen es für andere Arten überhaupt erst zugänglich. Zusätzlich bilden sie neue Biomasse, die wir z. B. in Form von Holz als nachhaltigen Energielieferanten oder zum Bauen nutzen. Ameisen sind ein wichtiges Glied in dieser langen Wirkungskette, von der auch wir profitieren.

Wo soll man anfangen?

Auch wenn die Informationsfülle enorm ist, haben Kinder eine beeindruckende Aufnahmefähigkeit für Themen, die sie interessieren. Es lohnt sich deshalb, sie für die Natur zu begeistern und schrittweise an sie heranzuführen.
Man muss keinen naturwissenschaftlichen Abschluss haben oder jede Art beim wissenschaftlichen Namen nennen können, um Kindern die heimische Artenvielfalt näher zu bringen und ihr Bewusstsein für Flora und Fauna zu schärfen. Es geht vielmehr einfach darum, ihre Neugier zu wecken und ihre Aufmerksamkeit für die Welt zu fördern, in der wir leben.

GARTEN, WIESE, WALD UND WASSER AKTIV ERKUNDEN

Die Lebensräume kennenlernen

Dieses Buch möchte euch auf euren Streifzügen durch Garten, Feld, Wald, Wiese und am Strand begleiten und inspirieren. Genauso gut könnt ihr aber auch zuhause darin stöbern. Es gibt euch Ideen für Aktivitäten in der Natur und hilft dabei, viele der Tiere und Pflanzen, die ihr dabei vielleicht trefft, zu bestimmen und kennenzulernen.

Die Aktivitäten

Jeder Lebensraum ist einzigartig. Im Wald treffen wir auf andere Arten als auf der Wiese. Wo Wasser ist, finden wir wieder ganz andere Lebewesen und Pflanzen und je nach Gewässertyp wiederum neue Artengemeinschaften. Dieser Reichtum macht die Natur so spannend und verblüfft uns immer wieder aufs Neue.
In jedem dieser Lebensräume könnt ihr andere Dinge tun. Die 50 Aktivitäten, die ihr ab Seite 18 findet, sind deshalb 5 Landschaftstypen zugeordnet. Je nachdem, wo ihr gerade seid, könnt ihr rasch einen passenden Vorschlag aussuchen.
Die Vorschläge sind ein Mix aus spannenden Beobachtungstipps, aktiven Bewegungsspielen, ruhigen Achtsamkeitsübungen, kreativen Bastelanleitungen, kleinen Experimenten oder leckeren Rezepten. Für alle Interessen und Bedürfnisse ist etwas dabei – ganz egal, ob ihr allein oder eine kleine oder größere Gruppe seid.

Der Natur niemals schaden
Nehmt bei all euren Aktivitäten Rücksicht auf Tiere und Pflanzen. Achtet darauf, dass ihr Vögel, Insekten und Co. nicht stört. Wenn ihr sie doch einmal zum genauen Beobachten aus ihrem Lebensraum nehmt, dann geht ganz behutsam dabei vor und setzt sie nach wenigen Minuten wieder zurück. Wenn ihr Blumen pflückt oder Beeren erntet, solltet ihr nie zu viele nehmen, um den Pflanzen nicht zu schaden und damit noch genug für die Tiere übrig bleiben, die von diesen Pflanzen leben.

> **Sicherheit an erster Stelle**
> **Werden Messer, Scheren, Hammer oder ähnliche Werkzeuge verwendet, sollte unbedingt ein Erwachsener die Kinder beaufsichtigen bzw. ihnen zur Hand gehen. Dies gilt auch für den Umgang mit heißen Flüssigkeiten oder einem Backofen oder Bügeleisen. Speziell für das Arbeiten mit einem Schnitzmesser oder anderem Messer gilt:**
> - **Immer im Sitzen schnitzen**
> - **Nie mit offener Klinge herumlaufen**
> - **Bevor man aufsteht, immer das Messer einklappen**
> - **Immer vom Körper weg schnitzen**
> - **Immer genügend Abstand zum Nachbarn halten**

Und jetzt legt los!

Damit die Basteleien und Spiele leicht durchzuführen sind, haben wir darauf geachtet, dass so wenig Material wie möglich notwendig ist. Meist sind es einfache Dinge, ein Großteil davon findet sich in jedem Haushalt oder ist leicht zu besorgen.

Die Artporträts

Bald werdet ihr merken, dass euch auf einmal Dinge auffallen, die ihr bislang nie wahrgenommen habt. Wenn ihr z. B. ein Wasserrad (S. 94) baut und in den Bach setzt, seht ihr plötzlich, was alles im Bach lebt und an seinem Ufer wächst. Und wenn ihr öfter mit der „Entdecker-Pappe" (S. 78) spielt, werdet ihr erleben, dass die Natur zu jeder Jahreszeit andere Überraschungen bereit hält.
Doch ihr werdet auch feststellen, dass lange nicht alle Arten, die euch vielleicht begegnen, in den Porträts ab S. 118 zu finden sind. Das ist bei der Fülle und Vielfalt einfach nicht möglich. Wir haben deshalb vor allem Tiere und Pflanzen ausgewählt, die relativ häufig anzutreffen und leicht zu bestimmen sind. Wir stellen aber auch einige Arten wie Uhu, Luchs und Hirschkäfer vor, die ihr nur mit viel Glück in freier Wildbahn vorfindet. Der Grund ist, dass sie eine besondere Rolle in ihrem Lebenraum einnehmen und ihr sie kennen solltet. Die Artporträts werden aufgelockert von 10 Sonderseiten, auf denen ihr Fakten zu Themen wie z. B. der Vogelfütterung findet oder auf denen wir kompaktes Wissen zu bestimmten Artgruppen wie Feld- oder Gartenfrüchten zusammengestellt haben.

Der Hirschkäfer (S. 201) ist sehr selten, ⟶ aber bedeutend als Zeiger für intakte Wälder.

DER AUFBAU DER SEITEN

So findet ihr euch zurecht

Damit ihr euch schnell zurechtfindet, stellen wir hier die Activity- und Porträtseiten mit ihren verschiedenen Elementen vor.

Die Aktivity-Seiten

Der gezackte Kreis weist euch darauf hin, dass bei einem Projekt Messer verwendet werden und Kinder nur unter Aufsicht von Erwachsenen arbeiten dürfen. Der Hinweis auf Seite 13 gibt genauere Informationen.

Die Fotos zeigen Arbeitsschritte eines Projekts, Szenen von den Aktivitäten oder Pflanzen oder Tiere, denen ihr bei einer Aktivität vielleicht begegnet.

In der Rubrik erfahrt ihr, wo ein Projekt oder eine Aktivität stattfindet.

Im Kreis findet ihr Tipps oder zusätzliche Informationen.

Die Liste sagt, wann und wo ihr etwas tun könnt, was ihr dazu braucht und wie viel Zeit ihr ungefähr einplanen solltet.

Die Anleitung erklärt euch Schritt für Schritt, wie ihr bei einer Bastelarbeit vorgeht oder wie ein Spiel oder eine sonstige Aktivität abläuft.

Die Porträtseiten

Das große Foto zeigt das typische Aussehen und die wichtigsten Bestimmungsmerkmale einer Art.

Der Kosmos-Farbcode und die Rubrik zeigen auf einen Blick, zu welcher Gruppe eine Art gehört: von den Säugetieren über Vögel und Insekten, Spinnen & Co. bis hin zu Wildblumen & Gräsern sowie Bäumen & Sträuchern.

Die Beschriftung im Bild weist auf besonders wichtige Merkmale hin.

Das Bild im Kreis zeigt z. B. ein Detail, das Männchen oder Weibchen, eine Farbvariante, eine mit der vorgestellten nah verwandte oder mit ihr in Verbindung stehende Art.

Deutscher Name der Art, darunter steht der wissenschaftliche Name.

VÖGEL

Im Flug sieht man einen weißen Streifen auf den Flügeln. →

Austernfischer

Haematopus ostralegus

Merkmale Länge 44 cm, Spannweite 84 cm, Schnabel 6,5–9 cm. Kopf, Hals und Flügeloberseiten schwarz, sonst weiß. Augen, Beine und Schnabel leuchtend rot. Kompakter Körper auf langen Beinen.
Stimme Singt gern. Schrilles „biik" oder „k'biik", im Flug „kiwiep". Zur Balz trillernd.
Nahrung Würmer, Krebse, Muscheln und Insekten.
Vorkommen Offene Flächen an Küsten und Feuchtwiesen.

TYPISCH Am Boden brütet das Weibchen meist drei Eier in einer Mulde aus. Im Winter kommt es zu großen Ansammlungen von Austernfischern im Wattenmeer. Anders als der Namen vermuten lässt, frisst der Vogel keine Austern.

Mit dem Schnabel stochert der Austernfischer im Schlick nach Nahrung. Er kann mit ihm sogar Muscheln und Krebspanzer öffnen.

154

1 Lachmöwe

Chroicocephalus ridibundus

STECKBRIEF Länge 39 cm, Spannweite 99 cm • Kopf dunkelbraun, Schwanzspitze schwarz, Flügel hellgrau, sonst weiß • Schnabel und Beine dunkelrot • Ruf schreiend in vielen Variationen, u. a. scharfes „kik" oder „kikikik" • Oft in großen Kolonien auf gepflügten Feldern, an der Küste und vielfältigen Gewässern • Frisst vieles, v. a. Würmer, Fische und Insekten.

2 Silbermöwe

Larus argentatus

STECKBRIEF Länge 60 cm, Spannweite 148 cm • Weiß mit grauem Rücken und schwarzen Flügelspitzen • Schnabel gelb mit rotem Punkt, Beine rosa • Stimme vielseitig, u. a. krächzend, miauend, bellend • Lebt in Gruppen, brütet in Kolonien • Lebt ganzjährig an der Wattenmeerküste • Frisst v. a. Muscheln, Krebse, Weichtiere und gern Fische (folgt Fischkuttern) • Ist wenig scheu, stiehlt sogar Menschen das Essen direkt aus der Hand.

155

Merkmale Wichtige Angaben wie Länge, Spannweite der Flügel, Blütengröße, Blütezeit und weitere typische Merkmale.
Stimme Angaben zu den Lautäußerungen einer Art.
Nahrung Informationen, wovon sich ein Tier bzw. seine Nachkommen wie z. B. die Larven ernähren.
Vorkommen Angaben, in welchem Lebensraum ihr ein Tier oder eine Pflanze finden könnt.

Typisch Hier erfahrt ihr Interessantes zu Eigenschaften und Lebensweise eines Tiers oder z. B. zur Verwendung einer Pflanze.

Im farbigen Kasten findet ihr interessante Zusatzinfos zu der beschriebenen Art.

Unter dieser **Nummer** könnt ihr die Stimme der Art auf der **Kosmos-Stimmen-App** hören (siehe Umschlagklappe vorne).

Steckbrief Bei den Kurzporträts sind hier alle wichtigen Infos zu Merkmalen, Ernährung, Lebensraum und Lebensweise stichpunktartig aufgeführt.

Das Symbol „Giftig" bei Pflanzen weist darauf hin, das diese Art giftig ist.

ACTIVITYS zum Mitmachen

WO KÖNNT IHR WAS MACHEN?

Wo seid ihr gerade? Zuhause, im Garten, auf der Wiese, im Wald oder an einem Gewässer? Blättert zum entsprechenden Kapitel.

↓

Beschließt gemeinsam, was ihr machen möchtet.

↓

Wenn ihr die Anleitung durchgelesen habt, kann es losgehen. Viel Spaß!

↑ **Samen-Mix** Eine fertige Wildblumenmischung eignet sich sehr gut für euer Projekt.

Überraschungs-Glas ⟶ Legt die Presslinge in den Garten. An einem sonnigen Ort und mit etwas Wasser versorgt, entfalten sie bald ihre bunte Pracht.

Zu Ostern oder zum Muttertag sind Blumensamenpresslinge ein schönes Geschenk, das man zu dieser Jahreszeit gleich im Garten auslegen kann.

BLUMENSAMEN-PRESSLINGE

Zum Matschen und Verschenken

Wann
Ganzjährig, am besten im Frühling

Wo
Tisch oder andere Arbeitsfläche

Ihr braucht
Blumenerde
Tonerde
Wasser
Blumensamen
Schüssel
Zeitungspapier
Schraubglas mit Deckel

Besonderes Werkzeug
Holzlöffel
Plätzchen-ausstechform

Zeitbedarf
45 Minuten + Trocknen

Tolles Mitbringsel

Jeder mag Geschenke, und aufblühende Blumensamenpresslinge sind ein tolles Mitbringsel zu allerlei Anlässen. Sie sind persönlich, kreativ und auch noch insektenfreundlich. In eine schöne Form gepresst und in ein verziertes Schraubglas gefüllt, machen sie auch optisch etwas her.

So geht's

Die Herstellung ist leicht: Vermischt je 10 Esslöffel von der Blumen- und Tonerde mit 2 Esslöffeln Blumensamen. Fügt schrittweise lauwarmes Wasser hinzu, bis eine formbare Masse entsteht. Wenn die Mischung zu flüssig geworden ist, gebt ihr noch etwas Blumenerde dazu. Die Tonerde – ihr bekommt sie z. B. in der Apotheke – bindet die Masse und macht die Presslinge formstabil.

Presslinge trocknen

Breitet Zeitungspapier auf einem Tisch aus und legt die Ausstechform darauf. Gebt etwas von der Mischung in die Form und verteilt sie gleichmäßig. Drückt die Masse mit dem Stiel des Holzlöffels fest. Der Pressling sollte 1–2 cm dick sein. Dann entfernt ihr vorsichtig die Ausstechform und verarbeitet die restliche Masse. Achtet je nach Form darauf, auch die Ecken gründlich auszufüllen, dann sehen die Presslinge schöner aus. Lasst sie über Nacht trocknen und füllt sie in das Schraubglas. Zum Keimen braucht ihr die Presslinge nur auf die Erde legen und gießen – die Samen haben alles, was sie brauchen.

NACHTFALTER ANLOCKEN

Spannende Expedition in die Sommernacht

Wann
Sommer

Wo
Im Garten

Ihr braucht
Überreifes Obst (z. B. Birnen, Äpfel, Weintrauben)
Apfelessig oder Balsamico
Taschenlampe (Licht darf nicht zu grell sein)

Besonderes Werkzeug
Spachtel oder Ähnliches

Zeitbedarf
30 Minuten + nächtliches Beobachten

Nächtliche Schönheiten

Tagaktive Schmetterlinge sind an sonnigen Sommertagen gut zu beobachten. Aber auch nachts sind einige Falterarten unterwegs und leben meist fernab von unserer Aufmerksamkeit. Dabei sind sie nicht weniger sehenswert und genauso interessant wie ihre bunten Verwandten.

Fruchtköder

Nachtfalter beeindrucken einander weniger mit ihrer prächtigen Optik, sondern mehr mit Duftstoffen. Per Geruchssinn orientieren sie sich in der Dunkelheit und finden so auch ihre Nahrung, die bevorzugt aus gärenden Früchten besteht. Mit einem selbst angemischten Fruchtköder schafft ihr eine Anlaufstelle, an der ihr gezielt diese Schönheiten der Nacht finden und bestaunen könnt.

So geht's

Schneidet überreifes Obst in Stücke und kocht es mit etwas Wasser zu Mus (Vorsicht, heiß!). Lasst dieses Mus kurz abkühlen und gebt einen Schuss Fruchtessig dazu. Sind eure Früchte noch nicht sehr reif, könnt ihr noch etwas Zucker hinzufügen. Am Ende sollte eure Mischung etwas dickflüssiger als Apfelmus sein.
Streicht die klebrige Masse nun an einzelne Baumstämme in eurem Garten. Geht nach Sonnenuntergang mit eurer Taschenlampe zu den bestrichenen Stellen und seht vorsichtig nach, ob Falter am Köder sitzen.

↑ **Auf Falterpirsch** Besucht eure Nachtfalterköder am besten in milden, windstillen Sommernächten. Besonders schön ist es, wenn ihr die Kontrolle der Stellen mit einer Mondscheinwanderung kombiniert.

← **Verlockendes Mus** Streicht das Fruchtmus mit einem Spachtel oder ähnlichem Werkzeug auf einen Baumstamm.

Das Drahtgeflecht macht die Tränke wesentlich stabiler und robuster gegenüber Temperaturschwankungen oder Erschütterungen.

Schönes Muster Mischt die erste Mörtelschicht etwas flüssiger an, dann werden sich die Blattadern später genauer abzeichnen.

↑ **Immer frisch** Füllt das Wasser regelmäßig nach und macht die Tränke ab und zu sauber.

Die Tränke sollte flach sein und frei stehen. So besteht kein Risiko, dass die Vögel ertrinken und sie können bei Gefahr schnell fliehen.

RHABARBERBLATT-VOGELTRÄNKE

Frisches Freibad für Gartenbewohner

Wann
Mai–Juli

Wo
Im Garten, z. B. auf einem alten Tisch

Ihr braucht
Rhabarberblatt, ca. 40 cm Durchmesser
ca. 5 kg Fertigmörtel zum Anmischen mit Wasser
Eimer (alt)
Etwas Kies
Kleintierdraht in Blattgröße

Besonderes Werkzeug
Maurerkelle oder Handschaufel

Zeitbedarf
60 Minuten + 1 Tag zum Aushärten

Vom Blatt zur Tränke

Schnell gemacht und dekorativ ist diese Badeanstalt für eure gefiederten Gartenbewohner. Schüttet zuerst den Kies auf festem Untergrund zu einem Haufen auf. Er stützt das Blatt, da es sonst vom schweren Mörtel platt gedrückt wird. Helft dabei der natürlichen Blattwölbung wenn nötig etwas nach, damit das Blatt eine schöne Schalenform bekommt. Vom Rhabarberblatt entfernt ihr nun den Stiel und legt es mit der Unterseite nach oben so auf den Kieshaufen, dass überall noch etwas Kies unter dem Blatt hervorragt.

Mörtelmatsche

Nun mischt ihr den Mörtel nach Packungsanweisung mit der Kelle oder Schaufel im Eimer an und verteilt die erste Hälfte gleichmäßig auf dem Blatt. Danach folgt der Kleintierdraht als mittlere Schicht. Passt ihn an die Wölbung an und faltet seine Ränder so, dass er später im Mörtel verschwindet. Bedeckt den Draht mit dem übrigen Mörtel und streicht alles glatt. Je nach Wuchs des Blatts, solltet ihr die Stelle des Stielansatzes mit Mörtel auffüllen, da dort später sonst häufig das Wasser aus der Tränke läuft. Auch den Rand der Tränke könnt ihr nun noch einmal anpassen. Dreht die Tränke nach dem Aushärten um und entfernt das Rhabarberblatt. Letzte Blattfetzen verrotten mit der Zeit und werden nach und nach herausgewaschen.

WINTERQUARTIERE ANLEGEN

Gemütliche Unterschlupfe für Insekten & Co.

6

Wann
Herbst

Wo
Im Garten in Beeten und an Gehölzen

Ihr braucht
Einfühlungsvermögen für eure tierischen Mitbewohner

Besonderes Werkzeug
Keines

Zeitbedarf
Wenige Minuten

Laub und Stängel

Je nach Art überwintern Insekten in allen Entwicklungsstadien – als Ei, Larve, Puppe oder erwachsenes Tier. Leider fehlt es sehr oft an Versteckmöglichkeiten für diese wichtigen Lebewesen. Doch es ist einfach, ihnen zu helfen, und ihr könnt euren Garten leicht an die Bedürfnisse von Insekten anpassen. Die hohlen Stängel vieler Stauden sind ein beliebter Unterschlupf. Lasst diese Stängel im Herbst einfach stehen und schneidet sie erst im Frühling zurück. Den Pflanzen ist es meist egal und der Garten sieht dadurch auch im Winter lebendiger und abwechslungsreicher aus. Auch Laub ist nicht nur für Igel wertvoll, sondern bietet Insekten (und Pflanzen) Schutz und hält sie warm. Habt Geduld und entfernt es erst an milderen Frühlingstagen von den Beeten.

Schutz und Nahrung

Ausgewachsene Schmetterlinge in Gebäuden haben sich nicht verirrt, sondern suchen Schutz. Lasst sie in Ruhe und gebt ihnen nach dem Winter die Möglichkeit, zurück nach draußen zu finden, indem ihr z. B. ein Fenster einen Spalt öffnet. An sonnigen Tagen im frühen Frühling sind die ersten Insekten noch sehr schwach und ausgezehrt. Nektar und Pollen sind für sie überlebenswichtig. Um ihnen Futter zu bieten, solltet ihr deshalb schon im Herbst Frühblüher wie Krokusse, Narzissen und Winterlinge pflanzen.

↑ **Ein Bett aus Laub** Ein kleiner Laubhaufen in einer ruhigen Ecke eures Gartens ist ein echter Schatz für Insekten.

Ein guter Plan Noch → bis in den Dezember könnt ihr Zwiebelblumen in euren Garten pflanzen, die im Frühling blühen und Insekten Nahrung bieten.

Nach der harten Zeit im Winter sind Pollen und Nektar der Frühjahrsblüher eine wichtige Nahrung für Insekten, die ihnen Kraft gibt.

↑ **Wiederverwerten** Sammelt die Schilder spätestens am Ende der Gartensaison ein und bewahrt sie an einem trockenen Platz auf. Dann verrotten sie nicht so schnell und ihr könnt sie mehrere Jahre verwenden.

Geht ganz einfach Die Hasel (S. 310) wächst gerade und lässt sich leicht mit dem Messer bearbeiten. ↓

Vorsicht beim Umgang mit Messern! Beachtet den Hinweis auf Seite 13.

↑ **Ordnung im Beet** Mit Bleistift beschriftete Schilder lassen sich radieren und korrigieren, Filzstift hält dagegen länger.

BEETBESCHRIFTUNGEN SCHNITZEN

Hölzchen für deinen Durchblick im Beet

6

Wann
Frühling

Wo
Im Garten

Ihr braucht
Haselruten,
2–3 cm dick
Wasserfester Stift

Besonderes Werkzeug
Scharfes Messer
Gartenschere

Zeitbedarf
60 Minuten

Den Überblick behalten

Gerade im Frühling kann man bei der Aussaat vieler verschiedener Sämereien schon einmal durcheinander kommen. Man verliert leicht den Überblick, wenn alle Pflänzchen klein sind und ähnlich aussehen oder lange für die Keimung brauchen. Für übersichtliche Schilder könnt ihr einfach Hölzchen in die passende Länge schneiden und beschriften.

So geht's

Geht bei diesem Projekt vorsichtig mit Schere und Messer um. Vielleicht ist es auch besser, wenn Erwachsene die Schneidearbeiten übernehmen. Zuerst schneidet ihr mit der Gartenschere so viele Haselruten auf ca. 30–40 cm Länge zurecht, wie ihr für eure Beete benötigt. Mit dem Messer schnitzt ihr nun in ein Ende eine glatte Fläche. Dabei verringert ihr die Stöckchendicke um etwa ein Drittel. Die Schnitzfläche sollte so lang sein, dass der Name des Saatguts gut darauf passt. Sind die Haselruten noch sehr frisch, empfiehlt es sich, sie anschließend etwas an der Luft trocknen zu lassen. Denn da die Bäume nun eventuell schon viel Wasser führen, könnte sonst die Tinte des Stifts verlaufen. Sind die Flächen trocken, beschriftet ihr sie z. B. mit einem wasserfesten Fineliner. Alternativ geht auch ein weicher Bleistift. Nun könnt ihr die Schilder an die Saatreihen stecken und euch auf euer Gemüse oder eure Blumen freuen.

VOGELFUTTERTASSEN

Der Tassenkuchen für Meise & Co.

Wann
Ganzjährig

Wo
In der Küche

Ihr braucht
Alte Tassen mit Henkeln
250 g Streufutter
70 g Haferflocken
250 g Rindertalg, alternativ Kokosöl
Ein Stöckchen je Tasse
Schnüre

Besonderes Werkzeug
Gartenschere

Zeitbedarf
30 Minuten + Zeit zum Aushärten

Wiederverwendbar

Besonders im Winter nehmen Wildvögel gern bereitgestelltes Futter an. Beliebt bei vielen Arten sind Meisenknödel. Leider fliegen deren Kunststoffnetze anschließend häufig im Gebüsch umher. Das könnt ihr leicht vermeiden, indem ihr Tassen als Behälter für selbst gemachtes Futter verwendet.

So geht's

Damit die Vögel gut sitzen können, braucht ihr für jede Tasse ein Stöckchen. Ein etwa bleistiftdicker Zweig genügt, z. B. eine dünne Haselrute. Die richtige Länge messt ihr an der Tasse ab: Stellt das Stöckchen hinein und schneidet es mit etwas Überstand ab.
Erwärmt nun langsam den Rindertalg in einem Topf, bis er flüssig ist. Gebt dann schrittweise das Futter hinzu und rührt gut um. Das Fett sollte alles gut benetzen, achtet daher am Ende auf das Verhältnis von Futter zu Talg. Löffelt diese Mischung in die Tassen und steckt ein Stöckchen an den Rand jeder Tasse. Geht dabei sehr vorsichtig vor – die Mischung ist heiß! Das Stöckchen sollte gegenüber vom Tassenhenkel liegen. Übrigen flüssigen Talg gießt ihr einfach in Tassen, in denen noch Platz ist. Nun stellt ihr alles vorsichtig beiseite und lasst die Mischung mehrere Stunden oder über Nacht auskühlen. Sobald alles ausgehärtet ist, könnt ihr die Tassen mit den Schnüren an geeignete Plätze hängen.

↑ **Landeplatz** Das Stöckchen sollte mindestens 4 cm über den Tassenrand hinausragen, damit die Vögel gut landen und bequem sitzen können.

Wintervorrat Lagert eure Futtertassen den Winter über kühl und dunkel, dann könnt ihr bei Bedarf immer frisches Futter aufhängen. ↓

↑ **Lieber klein** In kleinere Tassen müssen die Vögel nicht weit hineinklettern und können stets ihre Umgebung im Blick behalten.

↑ **Zielsicher** Wenn ihr den Karton nach einigen Tagen öffnet, werdet ihr sehen, dass die Pflanze den Weg zum Licht gefunden hat.

↑ **Am Start** Den Topf mit dem Samen stellt ihr unten in den Karton. Wenn der Keimling wächst, wird er sich den Weg zum Licht suchen.

↑ **Licht am Ende des Tunnels** Am besten funktioniert das Experiment, wenn das Licht wirklich nur durch das Loch in den Karton gelangt.

DER WEG ZUM LICHT

Im Labyrinth der Sonne nach

Wann
Ganzjährig

Wo
Fensterbrett, heller Raum

Ihr braucht
Schuhkarton mit Deckel
2 Pappen
Gummiband
Blumentopf mit Erde
Bohnensamen

Besonderes Werkzeug
Kinderschere
Klebstoff
evtl. Klebeband

Zeitbedarf
45 Minuten Aufbau + mehrere Tage Wartezeit

Experimentieren

Licht ist lebenswichtig für Pflanzen. So sehr, dass sie ihm mit aller Kraft entgegen wachsen, damit möglichst viel Sonnenstrahlen auf ihre Blätter treffen. Wie sehr sie sich für ein wenig Licht strecken und winden, zeigt dieses Experiment.

So geht's

Nehmt den Schuhkarton – er wird später hochkant stehen – und schneidet an einer beliebigen Stelle ein 5 x 5 cm großes Loch in die obere Außenwand. Innen klebt ihr quer zwei Pappstücke übereinander als „Stockwerke" ein. Die Stücke schneidet ihr so groß wie im Karton Platz ist und knickt sie an einer der kurzen Seiten ein Stück um. Dort könnt ihr den Kleber auftragen und es entsteht gleichzeitig auf der anderen Seite eine Lücke für den Bohnentrieb. Die zweite Wand baut ihr entsprechend versetzt ein, sodass die Lücke auf der anderen Kartonseite liegt.
Nun füllt ihr einen Blumentopf mit Blumenerde. Befeuchtet sie etwas und steckt eine Bohne hinein. Den Topf platziert ihr unten im Karton und verschließt ihn mit dem Deckel, den ihr mit einem Gummiband fixiert. Dann stellt ihr den Karton auf ein sonniges Fensterbrett oder an einen anderen hellen Ort.
Nun gilt es zu warten. Nach ein paar Tagen wird sich die Bohnenpflanze durch die Lücken in den Kartonetagen ihren Weg ans Licht suchen. Prüft hin und wieder, wie es vorangeht, und haltet die Blumenerde feucht.

TROCKENBLUMEN FÜR ZUHAUSE

Ein Stück Sommer für drinnen

6

Wann
Spätsommer

Wo
Zuhause

Ihr braucht
Geeignete frische Blumen
Schnüre
Schere
Einen dunklen, luftigen Ort

Besonderes Werkzeug
Keines

Zeitbedarf
20 Minuten + mehrere Tage Trockenzeit

Die Zeit anhalten

Trockenblumen sehen hübsch aus und sind haltbarer als frischer Blumenschmuck. Und sie bringen auch im Winter einen Hauch von Blumengarten ins Haus. Ihr müsst nur wenige Dinge beachten, um Trockenblumen herzustellen. So gut wie alle Blumen lassen sich trocknen, einige Arten sind jedoch besser geeignet als andere. Allgemein gilt: Je fester die gesamte Pflanze ist und je geringer ihr Wassergehalt, desto besser. Zarte Blüten sind dagegen besser für das Pressen in dicken Büchern geeignet.

So geht's

Hängt die frisch geschnittenen Blumen eurer Wahl kopfüber mithilfe von Schnüren auf, damit die Köpfe und Stängel nach dem Trocknen aufrecht stehen. Viele Arten lassen sich gut bündeln, dagegen solltet ihr z. B. Rosen lieber einzeln aufhängen. Wählt einen Ort mit guter Luftzirkulation, um Schimmelbildung zu vermeiden. Damit die Farben der Blüten erhalten bleiben, muss der Ort, an dem die Blumen trocknen, wirklich dunkel sein. Ein Kellerraum mit gekipptem Fenster eignet sich besonders gut. Je nach Art brauchen die Pflanzen zum Trocknen wenige Tage bis mehrere Wochen. Wenn die Blumen bei leichter Berührung rascheln, sind sie trocken. Nun könnt ihr sie zu Trockensträußen oder -kränzen kombinieren und die Wohnung damit dekorieren.

↑ **Hortensien** Ihre Blüten sehen auch getrocknet wunderschön aus und halten ausgesprochen lange.

Bunter Strauß Gut geeignet sind auch Schleierkraut, Strohblumen, Rosen und Lavendel. Auch Gräser und Zweige sehen in Trockensträußen hübsch aus. →

Viele Trockenblumen sind empfindlich und zerfallen schnell. Stellt oder hängt sie deshalb an einen Platz, wo sie vor Berührungen geschützt sind.

Einfach mit der Gießkanne oder dem Gartenschlauch nachfüllen. Weil das Wasser nur langsam abgegeben wird, müsst ihr das nur alle paar Tage tun.

Ollas eignen sich besonders gut für junge Pflanzen, sobald ihr Wurzelwerk kräftig genug ist, um das Wasser aufzunehmen.

← **Gut verklebt** Die Spalte muss gut verschlossen sein, damit das Wasser nur über den porösen Ton austritt.

OLLAS BAUEN

Behutsame Bewässerung für eure Pflanzen

Wann
Ganzjährig

Wo
Drinnen oder draußen, im Beet

Ihr braucht
2 gleich große Tontöpfe, nicht glasiert
1 Tonscherbe
Silikonkleber

Besonderes Werkzeug
Keines

Zeitbedarf
40 Minuten

Wasser sparen

Wasser ist auch bei uns in Europa zu einer sehr knappen Ressource geworden. Immer trockenere Sommer zwingen uns beim Gießen zum Umdenken. Ob Kübelpflanzen, Hochbeete oder Rabatten – überall sollten wir möglichst sparsam mit dem Wasser umgehen. Weil es nicht genug regnet, gießen viele Gärtner mit Leitungswasser. Doch weil große Mengen notwendig sind, lässt dies den Grundwasserpegel bedrohlich sinken.

Langsam, aber effektiv wässern

Besser könnt ihr einzelne Pflanzen mit dieser Methode wässern. Sie ist so einfach wie clever: Ollas (spanisch: Olla = „Topf") werden Gefäße aus Ton genannt, die im Boden sitzen und das in ihnen enthaltene Wasser langsam an die Erde abgeben. Die Pflanzenwurzeln können es optimal aufnehmen und es kommt viel mehr Wasser dort an, wo es hin soll – nämlich an den Wurzeln –, anstatt an der Oberfläche zu verdunsten.

So geht's

Verschließt das Loch eines der beiden Tontöpfe mithilfe von Silikon mit der Tonscherbe. Dann klebt ihr die beiden Töpfe am Rand aneinander, sodass sie ein geschlossenes Gefäß ergeben. Lasst das Silikon trocknen – fertig ist eure Olla! Grabt sie so in die Erde neben die zu bewässernden Pflanzen ein, dass die Seite mit dem noch offenen Loch wenige Zentimeter aus der Erde ragt. Dann füllt ihr die Olla mit Wasser.

ESSBARE BLÜTEN

Bunte Blümchen essen oder trocknen

Wann
Frühling bis Herbst

Wo
Auf dem Balkon und im Garten

Ihr braucht
Saatgut von verschiedenen Blumen (siehe Text)
Beet oder Gefäß mit Erde

Besonderes Werkzeug
Keines

Zeitbedarf
30 Minuten Aussaat + mehrere Wochen, bis die Blumen blühen

Bunte Pracht auf dem Teller

Damit Insekten als wichtige Bestäuber möglichst effektiv arbeiten, ist die Natur bei den Blütenpflanzen besonders einfallsreich. Je bunter und auffälliger die Blüte, desto höher ihre Chance, gesehen und bestäubt zu werden. Diese Vielfalt ist nicht nur etwas für das Auge – so manche Blüte schmeckt auch lecker. Auf dem Balkon oder im Garten könnt ihr ganz leicht essbare Blüten anbauen. So habt ihr jederzeit einen Vorrat und geht sicher, dass die Blüten ungespritzt und frei von Verunreinigungen sind. Morgens gepflückt sind Blüten am längsten haltbar. Grundsätzlich sollten sie trocken bleiben – reinigt sie also höchstens ganz kurz im Wasserbad.

Geeignete Arten

Geeignete Arten sind u. a. Kornblume (S. 277), Hornveilchen, Gänseblümchen (S. 259), Borretsch (S. 281) und Ringelblume. Ebenfalls schön und auch noch würzig oder aromatisierend sind zum Beispiel Lauch, Kapuzinerkresse und Blüten von Rosen- und Lavendelsträuchern.

Frisch oder geforen

Frisch verwendet machen Blüten am meisten her. Sie verzieren Salate, Desserts, Torten oder Beilagen. Eine Käseplatte auf dem kalten Buffet wird dann schnell ein Hingucker. Ihr könnt auch Getränke damit dekorieren oder die Blüten in Eiswürfel gießen.

↑ **Natur pur** Schon wenige bunte Blüten machen Käse, Salate oder Desserts zu einem leckeren Hingucker.

↑ **Bunte Vielfalt** Die Blüten geben eurem Essen das gewisse Etwas. Verzehrt sie dennoch immer in Maßen.

↑ **Haltbar machen** Ihr könnt die bunte Farbenpracht für später konservieren, indem ihr die Blüten an einem luftigen und dunklen Ort trocknet.

Vorsicht beim Umgang mit Messern! Beachtet den Hinweis auf Seite 13.

↑ **Helle Wäsche** Entfernt bei weißer Wäsche am besten die Kastanienschale und behandelt starke Flecken gegebenenfalls vor.

Mögt ihr es, wenn die Wäsche nach dem Waschen duftet? Dann gebt ein paar Tropfen ätherisches Öl in die Mischung.

↑ **Vorrat anlegen** Kastanienstückchen könnt ihr an der Luft trocknen lassen und für spätere Wäschen aufbewahren.

WASCHMITTEL AUS KASTANIEN

Ganz natürlich waschen

Wann
Herbst

Wo
Tisch oder andere Arbeitsfläche

Ihr braucht
5 große oder 10 kleine Kastanien (frisch!)
0,5 l lauwarmes Wasser
Großes Schraubglas

Besonderes Werkzeug
Schneidebrett
Scharfes Messer oder Hammer
Küchensieb oder Geschirrtuch

Zeitbedarf
45 Minuten + 6–8 Stunden Wartezeit

Saponine aus Früchten

Wäsche waschen ohne Chemie und gekauftes Waschmittel? Das geht! Die Rosskastanie (S. 307) gehört zur Familie der Seifenbaumgewächse (Sapindaceae). Ihre Früchte (Kastanien) enthalten besonders viele Saponine, die zu den Bitterstoffen zählen und die Pflanze unter anderem vor Tierfraß schützen sollen. Eine weitere Eigenschaft von Saponinen ist, dass sie im Wasser stark schäumen und damit wie Seife zur Reinigung genutzt werden können. Darum eignen sich Kastanien für die Herstellung von Waschmittel.

So geht's

Wascht die Kastanien und zerkleinert sie mit einem Messer oder Hammer. Kleine Kastanien können geviertelt, große sollten kleiner gehackt werden. Wichtig ist, die Schale aufzubrechen, denn nur der helle Kern enthält die Saponine. Füllt nun die Stückchen in das Schraubglas und gießt das Wasser auf. Wenn ihr das verschlossene Glas schüttelt, könnt ihr sehen, wie die Mischung schäumt. Nach 6–8 Stunden gießt ihr alles durch das Küchensieb oder Geschirrtuch ab. Die Kastanienreste entsorgt ihr in der Biotonne oder auf dem Kompost. Die gefilterte Flüssigkeit gebt ihr einfach direkt mit der Wäsche in die Waschtrommel und wascht wie gewohnt. Das fertige Waschmittel ist im Kühlschrank eine Woche haltbar.

EIN OSTERNEST AUS BIRKENREISIG

Wiederverwendbar und schön

Wann
Frühling

Wo
Tisch oder Werkbank

Ihr braucht
Baumscheibe, 4 cm dick, 15–20 cm Durchmesser
ca. 20 Nägel, ca. 6 cm lang
Birkenreisig

Besonderes Werkzeug
Hammer
Gartenschere

Zeitbedarf
60 Minuten

Stimmungsmacher

Mit der Osterzeit hält meist der Frühling so richtig Einzug. Mit schöner Osterdeko, die ihr jedes Jahr wieder nutzen könnt, verbreitet ihr die Frühlingsstimmung auf der Fensterbank oder vor der Haustür noch schneller.

So geht's

Als erstes schlagt ihr in den Rand der Scheibe alle 4–5 cm einen Nagel. Seid vorsichtig, damit ihr euch nicht verletzt oder überlasst das einem Erwachsenen. Die Nägel sollten alle ungefähr 4 cm aus der Scheibe ragen. Diese Scheibe ist die Basis für euer Osternest.
Für das Nest verwendet ihr Birkenreisig. Das sind die sehr dünnen, braunen Zweigspitzen von Hänge-Birken (S. 297). Sie sind besonders flexibel und lassen sich deshalb gut flechten. Im zeitigen Frühjahr findet ihr unter vielen Hänge-Birken solch herabgefallenes Reisig.
Schneidet ein Stück Reisig ab und flechtet es abwechselnd links und rechts um die Nägel auf eurer Baumscheibe. Schließt die erste Runde wenn nötig mit einem weiteren Stück Reisig ab. Die nächste Lage flechtet ihr versetzt um die Nägel. So entsteht eine gleichmäßige Reisigwand. Das setzt ihr so lange fort, bis die Nägel nicht mehr aus dem Reisig ragen. Überstehende Enden steckt ihr in das Geflecht und schneidet letzte Reste ab. Polstert euer Osternest nun mit Moos aus, legt die Eier hinein und schmückt es mit Blumen, Federn oder anderer Deko.

↑ **Lange haltbar** Weil Reisig sehr robust ist, sieht euer Nest lange Zeit schön aus.

↑ **Wiederverwerten** Nach Ostern entfernt ihr Deko und Moos und lagert euer Nest an einem trockenen Platz. Dann könnt ihr es in den nächsten Jahren wiederverwenden.

↑ **Geeignetes Holz** Passende Baumscheiben liefern euch Buchen, Birken oder Ahorn-Arten. Eher ungeeignet ist Nadelholz, weil es viel klebriges Harz abgibt.

↑ **Mehr Energie** Frische Erde liefert euren Gemüseresten reichlich Nährstoffe für die Regeneration.

↑ **Neustart** Bei guten Bedingungen wächst das Gemüse aus dem Strunk oder Salatherz innerhalb weniger Tage nach.

Das rechte Maß Füllt so viel Wasser ins Glas, dass die Wurzeln bedeckt sind. Bei zu viel Wasser faulen sie. ↓

REGROWING

Wenn Lauch & Co. wieder nachwachsen

Wann
Ganzjährig

Wo
Küche und im Garten

Ihr braucht
Kopfsalat oder Lauch
Gläser
Wasser
Blumentöpfe mit Erde

Besonderes Werkzeug
Messer

Zeitbedarf
15 Minuten + einige Tage Wartezeit

Aus Biomüll wird Gemüse

Beim Verarbeiten von Gemüse fällt oft reichlich Abfall an. Aber nicht alles muss man auch gleich in der Biotonne entsorgen. Denn aus diesen Gemüseresten wachsen mit etwas Geduld neue, wenn auch kleinere Gemüse nach. Das nennt man Regrowing.

Strunk und Herz

Kopfsalate und Lauchgemüse sind für den ersten Regrowingversuch gut geeignet. Achtet bei Lauch und Lauchzwiebeln darauf, dass noch möglichst viele Wurzeln am Strunk vorhanden sind, dann kann der Strunk mehr Wasser aufnehmen und treibt besser aus. Schneidet den Lauch also so mit dem Messer ab, dass ein etwas großzügigeres Stück Strunk übrig bleibt. Dieser Rest ist wichtig, denn dort befindet sich das „Herz" eures Gemüses. Dessen Zellen erholen und teilen sich schnell. Bei Salaten könnt ihr die äußeren Blätter abzupfen und das Herz aus kleinen hellen Blättern verwenden.

So geht's

Stellt den Lauchstrunk oder das Salatherz in einem Glas Wasser an einen hellen Platz, aber nicht in die direkte Sonne. Wechselt das Wasser spätestens alle zwei Tage. Hat der Nachwuchs im Wasser neue Wurzeln gebildet, könnt ihr ihn auch in Töpfe mit Erde setzen, so wird er mit mehr Nährstoffen versorgt. Erntet euer Gemüse, wenn es wieder groß genug ist.

BIENENSTEINE BAUEN

Neue Häuser für Wildbienen & Co.

Wann
Ganzjährig

Wo
Werkbank oder Gartentisch

Ihr braucht
Tonstein, Holzblock oder Töpferton (2 kg je Bienenstein)

Besonderes Werkzeug
Verschieden dicke Bohrer oder Nägel, max. 8 mm Durchmesser
Evtl. Akkubohrer
Evtl. Schleifpapier

Zeitbedarf
45 Minuten + evtl. Trocknungszeit für den Töpferton

Wohn- und Bruträume sind rar

In unserer Kulturlandschaft finden Insekten heute immer weniger Wohn- und Bruträume. Wildbienen und Solitärwespen, die nicht im Schwarm leben, legen ihre Eier in geeigneten Hohlräumen ab. Da sie meist einzelgängerisch leben und häufig sehr klein sind, fallen die Tiere kaum auf. Wir bemerken sie meist nicht, wenn sie im Garten nach geeigneten Quartieren suchen.

Quartiere für Einzelkämpferinnen

Wen wir nicht sehen, dem schenken wir leider auch kaum Beachtung. Doch wir können diese Einzelkämpferinnen leicht unterstützen, indem wir ihnen sogenannte Bienensteine zur Verfügung stellen. Ihr werdet sehen – schon nach kurzer Zeit ziehen die ersten Bienen und Wespen ein.

So geht's

Nehmt einen Tonstein oder Holzblock ohne Rinde (z.B. Buchen- oder Eschenholz) oder formt einen Tonquader. Dort hinein bohrt ihr senkrechte, verschieden dicke Löcher. Bei weichem Ton sind unterschiedlich dicke Nägel geeignet. Die Lochtiefe hängt vom Durchmesser ab. Als Faustregel gilt: Das Loch sollte zehnmal so tief sein wie sein Durchmesser – bei 4 mm Durchmesser also 4 cm tief. Markiert die richtige Tiefe mit einem Stift am Bohrer oder Nagel. Zum Schluss glättet ihr die Eingänge, z. B. mit Schleifpapier. Platziert die Nisthilfe sonnig und wettergeschützt. Sie kann ganzjährig draußen bleiben.

↑ **Gehörnte Mauerbiene** Diese Art nimmt Nisthilfen gern an und leistet einen großen Beitrag bei der Bestäubung von Obstbäumen.

← **Ganz individuell** Bienensteine aus Töpferton müssen bis zu mehrere Wochen trocknen, dafür lassen sie sich aber auch besonders kreativ gestalten.

Befindet sich euer Wildbienenhaus gut einsehbar und an einem sonnigen Ort im Garten, zeigen sich schon bald die ersten Gäste.

Ordnet den Farbverlauf in der richtigen Reihenfolge: von rot (sauer) über gelb (neutral) nach blau (alkalisch).

↑ **Tröpfchenweise** Mit einer Pipette könnt ihr die Menge des hinzugegebenen Safts genau dosieren und den Farbwechsel gut beobachten.

Rot oder blau? Rotkohl färbt sich auf sauren Böden rötlich, auf basischen Böden eher blau. ↓

Auch beim Kochen färbt sich Rotkohl unterschiedlich. Gibt man Essig dazu, wird er rot. Ohne Essig bleibt er bläulich und wird dann Blaukraut genannt.

ROTKOHLSAFT ALS SÄUREZEIGER

Experimente mit dem roten Saft

6

Wann
Ganzjährig

Wo
Küchentisch

Ihr braucht
Frischen Rotkohl
6 kleine Gläser
Schüssel
Krug oder Litermaß
Zitronensaft
Essig
Wasser
Natron
Kernseife
Vollwaschmittel

Besonderes Werkzeug
Küchensieb
Pipette

Zeitbedarf
ca. 45 Minuten
(+ 1 Nacht)

Regenbogensaft

Rotkohlsaft hat eine besondere Eigenschaft: Er kann seine Farbe ändern – und zwar in alle Farben des Regenbogens. Wie das möglich ist und warum, zeigt euch folgendes Experiment.

So geht's

Zupft ein paar Blätter vom Kohlkopf und legt sie in eine Schüssel. Gießt warmes Wasser darüber, bis sie bedeckt sind, und lasst sie über Nacht stehen. Den entstandenen Rotkohlsaft gießt ihr am nächsten Tag durch ein Sieb ab. Dann füllt ihr das erste Glas etwa zwei Finger hoch mit Zitronensaft, das nächste mit Essig, das dritte mit Leitungswasser. Nun löst ihr Kernseife, Natron und Vollwaschmittel in etwas Wasser auf und gebt sie ebenfalls in je ein Glas. In diese 6 Gläser gebt ihr mit der Pipette jeweils so viele Tropfen Rotkohlsaft, bis ihr eine deutliche Färbung erkennt. Welche Farben entstehen dabei? Und warum?

Was dahinter steckt

Rotkohl enthält sogenannte Anthocyane. Das sind Pflanzenfarbstoffe, die auf Säuren reagieren. Unterschiedlich starke Säuren führen dabei zu unterschiedlichen Färbungen. Gebt ihr saure Flüssigkeiten wie Zitronensaft zum Rotkohlsaft, färbt er sich rot. Bei laugenhaltigen Flüssigkeiten wie Seifen- oder Natronlauge entstehen grüne bis blaue Farbtöne, neutrale Flüssigkeiten färben sich gelb.

BIENENWACHSTÜCHER HERSTELLEN

Die gesunde Alternative zur Frischhaltefolie

Wann
Ganzjährig

Wo
In der Küche

Ihr braucht
Bienenwachs
Stücke von glattem Baumwollstoff in passender Größe
Sonnenblumenöl

Besonderes Werkzeug
Pipette
Evtl. Bügeleisen und Löschpapier

Zeitbedarf
45 Minuten

Wiederverwendbar

Bienenwachstücher sind eine echte Alternative zum Wegwerfprodukt Frischhaltefolie und sehen dazu auch noch gut aus. Ihr könnt sie leicht selbst herstellen und so eure Verpackungen für Pausenbrot, Gemüsereste und andere Lebensmittel selbst machen.

So geht's

Legt ein Backblech mit Backpapier aus, damit später keine Wachsreste daran kleben. Darauf legt ihr die Stoffstücke und verteilt auf diesen gleichmäßig die Wachspastillen. Beginnt mit einer kleinen Menge, bei Bedarf gebt ihr mehr Wachspastillen zu. Wichtig ist, dass ihr das Wachs gleichmäßig verteilt. Für 30 × 30 cm Stoff braucht ihr etwa 15 g Wachs. Damit die Wachstücher geschmeidiger werden, könnt ihr mit der Pipette noch etwa alle 5 cm einen Tropfen Sonnenblumenöl auf die Tücher geben.

Ab in den Ofen

Schiebt das Blech in den Ofen. Bei 70 Grad Ober- und Unterhitze schmilzt das Wachs und zieht in den Stoff ein. Sind einige Stellen noch trocken, gebt ihr noch etwas Wachs darauf. Sobald der gesamte Stoff gleichmäßig benetzt ist – nach ca. 10 Minuten – holt ihr das Blech aus dem Ofen. Vorsicht, heiß! Lasst alles abkühlen, bevor ihr das fertige Wachstuch vom Blech nehmt und lagert es bei Raumtemperatur.

↑ **Habt Geduld** Oft genügt es schon, etwas länger zu warten, bis der Stoff gleichmäßig mit Wachs benetzt ist.

Überschüssiges Wachs könnt ihr entfernen, indem ihr Löschpapier auflegt und das Wachs dann aus dem Tuch heraus bügelt.

↑ **Leicht zu dosieren** Bienenwachs aus der Drogerie oder dem Imkereibedarf ist häufig schon zu gut dosierbaren Pastillen verarbeitet.

↑ **Feine Äderung** Die blaue Tinte zeigt, wo in der Blüte die Leitbahnen für das Wasser verlaufen.

Ist gerade keine Tulpensaison, könnt ihr den Versuch mit einer Rose oder anderen Blume machen. Wichtig ist nur, dass sie weiße Blüten hat.

↑ **Schnell** Stellt die Blüte nach dem Kürzen des Stiels sofort in die Tinte, damit die Leitbahnen nicht eintrocknen.

BLÜTEN FÄRBEN

Der Weg des bunten Wassers

Wann
Frühling (Tulpenzeit)

Wo
An einem Arbeitstisch

Ihr braucht
Weiße Tulpe
Tinte
Wasserglas

Besonderes Werkzeug
Kinderschere

Zeitbedarf
5 Minuten Aufbau + wenige Stunden bis mehrere Tage Geduld

Durstige Schnittblumen

Pflanzen verdunsten über ihre Blätter und Blüten Wasser – auch dann noch, wenn sie abgeschnitten sind und in einer Vase stehen. Manchmal ist es erstaunlich, wie schnell ein Strauß Blumen das Wasser in der Vase verbraucht. Wie schnell das gehen kann und wo die Wege des Wassers verlaufen, zeigt folgendes Experiment.

So geht's

Kürzt den Stängel der Tulpe auf ca. 10 cm und stellt sie in mit Tinte gefärbtes Wasser. Schon nach wenigen Stunden könnt ihr sehen, dass die blaue Farbe in der Blüte ankommt. Am nächsten Tag wird sie deutlich gefärbt sein. Je wärmer und trockener die Umgebung ist, desto mehr Wasser wird verbraucht und desto schneller färbt sich die Blüte.

Die Kraft der Verdunstung

Die Verdunstung durch Pflanzen wie z. B. Bäume trägt entscheidend dazu bei, dass Wasser aus der Erde in die Atmosphäre gelangt. So entsteht ein Sog und Wassermoleküle werden durch die Leitbahnen der Pflanzen wie in einem Strohhalm nach oben transportiert. Bei hohen Bäumen ist die Verdunstung der wichtigste Motor des Wassertransports. Sie sorgt dafür, dass Wasser von den Wurzeln bis in die Baumkrone gelangt.

EICHELHÜTCHEN-MEMO

Farben merken mit Minispiel

Wann
Spätsommer und Herbst

Wo
Im Wald und zuhause

Ihr braucht
Eichelhütchen
Malfarben
Pinsel

Besonderes Werkzeug
Keines

Zeitbedarf
60 Minuten

Kleines Memo für unterwegs

Beim Memo-Spiel muss man sich gut konzentrieren, um die meisten Pärchen zu sammeln. Das Spiel macht Spaß und trainiert nebenbei unser Gedächtnis. Ein Memo-Spiel könnt ihr ganz einfach aus Eichelhütchen und Malfarben basteln, das Groß und Klein herausfordert und das sich super in einem kleinen Beutel mitnehmen lässt.

Raus zum Sammeln

Eichelhütchen sind die becherförmigen Hütchen, in denen die Eicheln (S. 294 sitzen. Sammelt im Wald so viele Hütchen, wie ihr Pärchen bilden wollt. Etwa 20 Stück reichen für den Anfang aus. Die Hütchen sollten möglichst einheitlich aussehen, damit man später nicht schon am Hütchen erkennt, welche Farbe sich auf der Innenseite verbirgt. Sind die Hütchen nass, lasst ihr sie ein paar Stunden bei Raumtemperatur trocknen und entfernt eventuelle Schmutzreste.

Zuhause malen

Wählt als nächstes eure Wunschfarben aus – für 20 Hütchen entsprechend zehn Farben. Malt die Innenseiten der Hütchen aus – jeweils zwei mit der gleichen Farbe – und lasst sie gut trocknen. Anschließend könnt ihr gleich anfangen zu spielen. Dreht alle Innenseiten nach unten und macht euch abwechselnd auf die Suche nach Pärchen.

↑ **Am Anfang leicht** Fangt mit 20 Hütchen an. Später könnt ihr noch mehr Eichelhütchen bemalen – so wird das Spiel Schritt für Schritt schwieriger.

↓ **Wer gewinnt?** Das Hütchenspiel macht Spaß und ist spannend.

↑ **Genau malen** Achtet darauf, nicht über die Innenseiten der Hütchen hinaus zu malen, damit die Farben später von außen nicht zu sehen sind.

↑ **Blind im Wald** Ohne unsere Augen sind wir oft unsicher. Vertraut den Partnern, die euch führen, und nutzt eure übrigen Sinne.

Besondere Merkmale → Ist die Baumrinde rau oder glatt? Wird der Stamm nach oben dünner? Kannst du ihn ganz umarmen?

Fällt es euch schwer, den gesuchten Baum wieder zu finden, könnt ihr euch mit Hinweisen wie „wärmer" oder „kälter" weiterhelfen.

MEIN BAUM

Unverkennbar einzigartig

Wann
Ganzjährig

Wo
Waldstück ohne Dickicht

Ihr braucht
Augenbinde oder Tuch

Besonderes Werkzeug
Keines

Zeitbedarf
ca. 20 Minuten

Ein Spiel im Wald

Dieses Spiel eignet sich super, das Bewusstsein dafür zu schärfen, dass jeder Baum im Wald einzigartig ist. Ihr müsst dafür mindestens zu zweit sein. Am besten spielt ihr es in einem Laubwald mit möglichst vielen unterschiedlichen Baumarten.

Einprägen und wiederfinden

Wählt ein begrenztes Stück Wald mit möglichst wenig tiefhängenden Ästen und ohne stacheliges Gebüsch. Dann verbindet ihr eurem Partner die Augen und dreht ihn bzw. sie kurz im Kreis. Nun führt ihr ihn bzw. sie zu dem Baum, den ihr vorher alleine ausgewählt habt. Achtet unbedingt auf die vielen Stolperfallen im Wald und nehmt euch Zeit. Denn Unebenheiten im Boden nehmen wir blind anders wahr als sehend. Wenn ihr am ausgewählten Baum angekommen seid, ertastet der „Blinde" den Stamm. Wie ist er beschaffen, wie fühlt er sich an, wie dick ist er, wie riecht er? Könnt ihr Zweige ertasten? Wie viele sind es? All diese Eindrücke gilt es sich einzuprägen, bevor es nach kurzer Zeit zurück zum Ausgangspunkt geht. Dort angekommen nehmt ihr eurem Mitspieler die Augenbinde ab. Kann der- oder diejenige von euch, dessen Augen verbunden waren, den ertasteten Baum wiederfinden?

ZAPFENWERFEN

Wie fliegt der Zapfen am weitesten?

6

Wann
Sommer

Wo
Auf Waldwegen nahe Nadelbäumen

Ihr braucht
5 Zapfen pro Person

Besonderes Werkzeug
Keines

Zeitbedarf
So lange, wie ihr möchtet

Zapfen gegen Langeweile

Auch die schönste Wanderstrecke kann mit der Zeit langweilig werden. Mit folgendem Wurfspiel bringt ihr mehr Abwechslung in euren Spaziergang. Gleichzeitig übt ihr Koordination und Konzentration. Wer mitmachen möchte, sucht sich fünf Zapfen. Damit die Bedingungen für alle gleich sind, sollten alle Mitspieler möglichst gleich große Zapfen von derselben Baumart sammeln, also z. B. von Fichten (S. 322).

Auf die Plätze, fertig, los!

Legt zuerst eine Startlinie auf dem Weg fest. Dort stellen sich alle, die mitmachen möchten, auf. Versucht, so gerade wie möglich den Weg entlang zu werfen. Nun wirft der erste. Dort, wo sein Zapfen landet, ist der Ausgangspunkt für den nächsten Wurf. Nun werfen alle anderen der Reihe nach. Gewonnen hat am Ende, wer mit seinen fünf Zapfen die längste Strecke erreicht hat.

Viele Varianten

Wandelt das Spiel auch einmal ab, damit es abwechslungsreicher wird. Zum Beispiel können Rechtshänder mit der linken, ungewohnten Hand werfen, Linkshänder mit der rechten. Oder ihr versucht, den Zapfen rückwärts durch die breit gestellten Beine zu werfen. Oder ihr tretet die Zapfen mit den Füßen wie einen Fußball fort. Nehmt euch am besten ein paar Zapfen mit. Dann könnt ihr auch auf Wegstücken spielen, die nicht durch den Wald führen.

↑ **Übung macht den Meister** Probiert aus, mit welcher Wurftechnik eure Zapfen am weitesten fliegen.

← **Fair Play** Damit alle möglichst gleiche Chancen haben, sollten die Zapfen ungefähr gleich groß sein. Sind auch sehr viel jüngere und kleinere Kinder in der Gruppe, bekommen sie ein paar Zapfen mehr. So haben sie auch eine Chance, zu gewinnen.

Was habt ihr gehört? — **Was habt ihr gehört?** Und was gespürt? Hat etwas im Laub geraschelt? Haben Vögel leise gezwitschert? Wie hat sich der Boden unter euch angefühlt?

Wenn wir unsere Augen schließen und ganz still sind, werden unsere übrigen Sinne schärfer und wir nehmen Dinge ganz anders wahr.

Genug Platz Haltet so viel Abstand, dass ihr alle bequem mit ausgestreckten Armen und Beinen nebeneinander liegen könnt, ohne euch zu berühren.

PSST!

Das „Ganz-still"-Spiel im Wald

Wann
Ganzjährig bei trockener Witterung

Wo
In einem ruigen Waldstück

Ihr braucht
Nichts

Besonderes Werkzeug
Keine

Zeitbedarf
5–15 Minuten

Mit allen Sinnen

Den Wald nehmen wir besonders gut mit allen Sinnen wahr, wenn wir für einen Augenblick ganz still sind. Bei dieser Übung übernimmt eine Person die Leitung. Sie führt durch die Übung und nur sie darf sprechen.

Entspannen

Setzt euch zunächst alle in einem Kreis auf den Boden, legt euch dann flach auf den Rücken und schließt die Augen. Entspannt euch, indem ihr kurz Arme und Beine ausschüttelt und dreimal tief durchatmet.

Wahrnehmen

Die Spielleitung gibt Anregungen, worauf ihr achten könnt. Ein paar Beispiele:
Atmet tief durch die Nase ein und achtet auf Gerüche. Möglicherweise duftet in der Nähe eine Pflanze oder ihr riecht das Laub unter euch.
Spürt ihr den Windzug in euren Gesichtern?
Fühlt ihr den Boden unter eurem Körper? Vielleicht ist er uneben, vielleicht spürt ihr weiches Moos oder einen harten Ast.
Achtet auf das Rauschen der Bäume. Hört ihr Vogelstimmen und in der Ferne vielleicht den Lärm von Autos?
Diese Übung kann so lange dauern, wie ihr Lust habt. Am Schluss sagt die Spielleitung, dass ihr euch ausgiebig strecken und die Augen langsam wieder öffnen könnt. Wer mag, kann von seinen Gedanken und Eindrücken erzählen.

EINE BLÄTTERKRONE BASTELN

Mit Spitz-Ahorn zur Krönung

6

Wann
Herbst

Wo
Unter einem Spitz-Ahorn

Ihr braucht
Einige Blätter eines Spitz-Ahorns

Besonderes Werkzeug
Schere
Spitzer Gegenstand, z. B. Bleistift

Zeitbedarf
25 Minuten

Herbstkönig und Herbstkönigin

Mit dem Herbst kommen auch die goldenen Blätter, und im raschelnden Laub zu toben gehört für viele zum Schönsten, was man im Herbst machen kann. Aus den Blättern des Spitz-Ahorns (S. 305) lassen sich leicht hübsche Kronen zaubern, die als Kopfschmuck das Haupt einer Herbstkönigin oder eines Herbstkönigs zieren.

So geht's

Die spitzen Lappen dieser Blätter bilden die Zacken der Krone. Die Zacken sollten etwa gleich groß sein – achtet also beim Sammeln der Blätter darauf. Schneidet zuerst die Blattstiele ab und legt sie beiseite. Knickt dann das untere Drittel eines Blatts waagerecht nach hinten um, sodass eine glatte Kante entsteht und das Ende mit dem Stielansatz verdeckt ist. Dann steckt ihr zwei solcher gefalteten Blätter ineinander. Sie sollten sich etwa zur Hälfte überlappen. Wo sie sich überlappen, stecht ihr mit dem spitzen Gegenstand drei Löcher übereinander und fädelt einen der abgetrennten Blattstiele durch. Dann steckt ihr das nächste Blatt hinein und befestigt es ebenfalls mit einem Stiel. Ergänzt so viele Blätter, wie für euren Kopfumfang nötig sind. Zum Schluss probiert ihr die Blätterkette einmal an und passt, wenn nötig, die Länge an. Dann verbindet ihr Anfang und Ende mit einem Blattstiel und schneidet die überstehenden Stielenden ab. Schon ist der Kopfschmuck fertig!

↑ **Goldgelb** Die Blätter des Spitz-Ahorns leuchten wunderschön. Wenn ihr Blätter in verschiedenen Herbstfarben sammelt, könnt ihr bunte Kronen basteln.

↑ **Stabil** Die leicht ledrigen Blätter des Spitz-Ahorns lassen sich gut verarbeiten. Aber auch Blätter anderer Bäume eignen sich, wenn sie groß genug sind.

↑ **Fixieren** Haltet die Löcher, durch die ihr die Blattstiele steckt, möglichst klein, dann sind die Blätter fest miteinander verbunden.

↑ **Schön warm halten** Nach dem Backen stapelt ihr die Pfannkuchen auf einem Teller und haltet sie im Ofen warm, bis der Teig verbraucht ist.

↓ **Guten Appetit!** Diese knusprig-süße Köstlichkeit werdet ihr sicher nicht nur einmal zubereiten.

PFANNKUCHEN MIT KOMPOTT

aus selbst gepflückten Heidelbeeren

Wann
Juli und August

Wo
Im Wald und in der Küche

Ihr braucht
Für die Pfannkuchen:
150 g Mehl
250 ml Milch
2 Eier
Salz
Für das Kompott:
400 g Heidelbeeren
50 g Zucker
½ Vanilleschote
1 EL Speisestärke
Fett für die Pfanne

Besonderes Werkzeug
Keines

Zeitbedarf
30 Minuten

Kleine Vitaminbomben

Etwa ab Juli tragen Heidelbeersträucher (S. 317) ihre blauen Früchte. Die Vitaminpakete sind besonders aromatisch und haben eine deutlich intensivere Farbe als Kulturheidelbeeren. Zudem enthält die Wildform noch mehr gesunde Inhaltsstoffe.

Zum Pflücken in den Wald

Ein Ausflug in den Wald lohnt sich, um Beeren für ein leckeres Kompott zu sammeln. Heidelbeeren wachsen gern in lichten Wäldern auf sauren Böden, oft unter Kiefern. Pflückt aber nur geringe Mengen und außerhalb von Naturschutzgebieten. Weil Heidelbeeren hartnäckige Flecken machen, solltet ihr unempfindliche Kleidung tragen.

Kompott kochen zu Hause

Wascht die Beeren im Wasserbad und entfernt dabei Blätter und Stiele. Gebt sie dann in einen Topf, dessen Boden ihr etwa einen Finger breit mit Wasser bedeckt. Fügt den Zucker hinzu und kocht die Mischung auf. Vorsicht, die Mischung ist heiß! Rührt regelmäßig um, während die Beeren zerfallen. Dann löst ihr die Speisestärke in 3 EL Wasser auf, kratzt das Mark mit einem Löffel aus der Vanilleschote und gebt beides zu den Beeren. Leicht köchelnd dickt euer Kompott nun an. Nehmt es vom Herd und stellt es beiseite. Verrührt alle Zutaten für den Pfannkuchenteig und backt daraus mit dem Fett ca. 8 Pfannkuchen. Legt je einen Pfannkuchen auf einen Teller, gebt etwas Kompott auf ihn und rollt ihn ein.

BAUMHÖHE BESTIMMEN

Messen ohne Zollstock und Maßband

Wann
Ganzjährig

Wo
Auf einer Lichtung im Wald

Ihr braucht
Gerader Stock, so lang wie euer Arm

Besonderes Werkzeug
Keines

Zeitbedarf
5 Minuten

Freistehenden Baum suchen

Habt ihr euch auch schon einmal gefragt, wie hoch wohl die Bäume sind, an denen ihr vorbeigeht? Mit einer einfachen Technik lässt sich die Höhe eines Baums bestimmen.
Wählt zuerst den Baum aus, dessen Höhe ihr messen wollt. Er sollte auf der gleichen Ebene wie ihr und frei stehen, damit ihr ihn vollständig sehen könnt.

Hilfsmittel Stock

Nehmt einen geraden Stock in der Länge eures Arms in die Hand und streckt den Arm nach vorn aus. Dann geht ihr ein gutes Stück zurück. Den Stock haltet ihr in der Hand nun senkrecht nach oben. Stock und Arm müssen im rechten Winkel zueinander stehen. Geht nun so weit zurück, bis der Baum für euch nur noch so groß erscheint wie der vorgehaltene Stock. Die Stockspitze endet aus eurer Sicht also genau mit der Baumspitze, und eure Hand liegt unterhalb des Punkts, an dem der Stamm aus dem Boden wächst.

Schritte zählen und rechnen

Verdeckt der Stock euren Baum vollständig, dann schreitet ihr die Entfernung bis zum Fuß des Baumstamms ab – am besten macht ihr 1 m große Schritte und zählt sie. Rechnet schließlich noch den Abstand vom Boden bis zu euren Augen (Augenhöhe) hinzu. Das Ergebnis ist die Höhe des Baumes.

↑ **Zielgenau** Schreitet die Strecke zum Baum möglichst gerade ab, damit eure Messung genau wird.

← **Über den Daumen gepeilt** Wenn ihr sorgfältig peilt und eure Schrittlänge kennt, wird das Ergebnis ziemlich genau.

Wenn ihr diese Übung öfter macht, bekommt ihr in kurzer Zeit ein gutes Gefühl für die Höhe eines Baums und könnt sie gut abschätzen.

Durch Antäuschen verwirren Eichhörnchen potenzielle Diebe. Sie tun so, als ob sie eine Nuss verstecken, bringen sie dann aber an einen anderen Platz.

← **Risiko** Viele Eicheln in einem Versteck sind leicht wiederzufinden, aber der Verlust ist auch größer, wenn ein Dieb sie erbeutet.

Warum habt ihr ein bestimmtes Versteck gewählt? War es leicht oder schwer, es wiederzufinden? Was hat euch geholfen, es euch zu merken?

↑ **Raffiniert** Auch Eichelhäher (S. 181) sind Meister im Sammeln und Verstecken von Eicheln.

EICHELN VERSTECKEN

wie die Eichhörnchen

Wann
Herbst

Wo
Wald oder Park

Ihr braucht
Eicheln
Tasche oder Behälter für jeden

Besonderes Werkzeug
Keines

Zeitbedarf
20–30 Minuten

Vorräte anlegen

Wie kommen Eichhörnchen (S. 139) über den Winter, wenn nichts wächst? Denn sie wachen ja mehrfach aus ihrer Winterruhe auf und müssen Nahrung aufnehmen. Darauf bereiten sich die cleveren Nager schon im Herbst vor, indem sie Vorräte anlegen. Manchmal sieht man Eichhörnchen dann emsig umherlaufen, das Maul voller Eicheln, Nüsse oder Bucheckern, die sie in ihre Verstecke bringen.

Werde zum Eichhörnchen

Bei diesem Spiel sind besonders eure Kreativität, euer Gedächtnis und eure Schnelligkeit gefragt. Stellt euch vor, ihr seid Eichhörnchen, die Eicheln für den Winter verstecken müssen. Sucht Eichen (S. 294), unter denen ihr 5–10 Eicheln aufsammelt. Dann versteckt ihr sie einzeln in einem festgelegten Gebiet. Je jünger die Mitspieler sind, desto kleiner sollte dieses Areal sein. Geeignete Stellen sind z. B. an Baumstämmen, unter Steinen oder auch in einem kleinen Loch im Boden. Seid kreativ, prägt euch die Stellen gut ein und lasst euch nicht von den anderen „Eichhörnchen“ beobachten.

Wer findet alles wieder?

Begebt euch nach einer Pause oder auf dem Rückweg auf die Suche nach euren Vorräten. Wer von euch ist das cleverste „Eichhörnchen“ und hat die meisten Eicheln wiedergefunden? Achtung: Mogeln gilt nicht! Sammelt nur die Eicheln ein, die ihr auch versteckt habt!

AUF SPURENSUCHE

Was Tiere hinterlassen haben

Wann
Ganzjährig

Wo
An Waldwegen, tief im Wald

Ihr braucht
Nichts

Besonderes Werkzeug
Keines

Zeitbedarf
So lange, wie ihr Lust habt

Leben im Verborgenen

Obwohl der Wald laut Redewendung „tausend Augen“ hat, sehen wir bei einem Waldbesuch eher selten Tiere. Das liegt daran, dass sie ihre Umgebung sehr genau beobachten und uns Menschen rechtzeitig aus dem Weg gehen.

Fußspuren, Fressplätze, Gewölle & Co.

Wir können die Tiere jedoch anhand vieler Spuren entdecken und identifizieren. Mit etwas Übung findet ihr reichlich Hinweise auf wilde Tierarten, von denen ihr vielleicht gar nicht vermuten würdet, dass sie so nahe bei euch im Wald leben. Neben typischen Fährten auf dem Boden sind dies zum Beispiel Haare, Knochen, Kot, Unterschlupfe, Fressplätze, Gewölle oder „Werkstätten“.

Schaut genau!

Folgende Beispiele können euren Blick schulen:
Fraßspuren: Rehe und Hasen fressen gern die Triebspitzen junger Pflanzen. Hirsche dagegen knabbern im Winter die Borke junger Fichten ab, sodass ihre Zahnabdrücke am Stamm sichtbar sind. Am Fuße junger Obstbäume findet ihr im Winter die Nagespuren von Hasen oder Mäusen.
Werkstätten: Spechte und Kleiber klemmen Nüsse in Spalten, um sie aufzupicken. Unter Lieblingsplätzen von Eichhörnchen sind oft viele ausgefranste, leere Zapfen und reichlich Spelzen zu finden.
Die Porträts der Tierarten ab Seite 122 helfen euch dabei, Tiere zu entdecken und zu bestimmen.

↑ **„Esszimmer“** Hier hat ein Eichhörnchen sich die Samen vieler Fichtenzapfen schmecken lassen.

Mit Abstand Kommt Vogelnestern nicht zu nahe, da sie vielleicht bewohnt sind. Doch auch aus der Ferne könnt ihr sie betrachten und auf die Vogelart schließen. ↓

↑ **Fegen** Einmal jährlich scheuern Rehböcke und Hirsche die juckende Hautschicht von ihrem neu gebildeten Geweih an dünnen Bäumen ab. Das nennt man „Fegen“.

Vorsicht beim Umgang mit Messern! Beachtet den Hinweis auf Seite 13.

Beim Entfernen der Baumperle darf keinesfalls eine Wunde in der Baumrinde entstehen.

↑ **Mustervielfalt** Hell oder dunkel, fein gewirbelt oder fast wirbellos: Die Maserung ist bei jeder Baumperle anders.

Naturschmuck Als dünne Scheiben zu Kettenanhängern verarbeitet sind Baumperlen ein einzigartiger Schmuck. ↓

BAUMPERLEN FREILEGEN

Geheimnisvolle Glücksbringer

Wann
Ganzjährig

Wo
Wald, Park oder Garten und zuhause

Ihr braucht
Baumperlen-Rohling
Neutrales Speiseöl
Küchenpapier

Besonderes Werkzeug
Schnitzmesser
Feines Schleifpapier

Zeitbedarf
60 Minuten

Woher sie kommen

Wie wir sind auch Bäume Krankheitserregern ausgesetzt. Um mit ihnen fertig zu werden, nutzen sie ausgefeilte Abwehrmechanismen. Einer davon ist die Bildung sogenannter Baumperlen. Dabei macht der Baum Schaderreger durch wucherndes Gewebe unschädlich. Dringen z. B. schädliche Bakterien in die verletzte Baumrinde ein, kapseln gesunde Zellen die Eindringlinge ab. Solche Stellen zeigen sich dann wie Narben als Erhebungen in der Stammoberfläche. Mit der Zeit können sie knollenförmig hervortreten und schließlich abfallen.

Glücksbringer unter der Borke

Das Holz unter der Borke dieser Knollen ist ganz originell und ungewöhnlich gewachsen. Es wird gern als Glücksbringer verschenkt.

Finden und bearbeiten

Baumperlen könnt ihr häufig an älteren Eichen, Ahorn-Bäumen oder Buchen finden. Löst sie aber nur vom Stamm, wenn das sehr leicht geht, damit ihr den Baum nicht verletzt! Dann entfernt ihr vorsichtig die Borke mithilfe eines Schnitzmessers. Manchmal ist die Hülle auch schon morsch und lässt sich mit den Händen ablösen. Darunter seht ihr die einzigartige Holzmaserung. Zuhause glättet ihr die Oberfläche mit Schleifpapier. Gebt dann etwas Speiseöl auf ein Küchenpapier und reibt die Baumperle damit ein, bis ihr einzigartiges Wellenmuster gut zu sehen ist.

DAS FOTOGRAFISCHE GEDÄCHTNIS

Ein Merkspiel für den Waldspaziergang

6

Wann
Ganzjährig

Wo
Lichtung oder Wegkreuzung

Ihr braucht
1 oder 2 Geschirrtücher
Stoffbeutel

Besonderes Werkzeug
Keines

Zeitbedarf
20–30 Minuten

Womit ihr anfangt

Dieses Spiel trainiert euer Gedächtnis und eure Konzentration. Gleichzeitig könnt ihr dabei laufen und euch austoben. Eine oder einer von euch ist Spielleiter oder Spielleiterin und sammelt 5–10 Dinge, die leicht und häufig zu finden sind, z. B. Kastanien, Steine, Blüten, Blätter oder Stöckchen. Alles wird im Stoffbeutel verstaut, ohne dass die anderen der Gruppe etwas davon sehen. Dann breitet der Spielleiter die Fundstücke auf einem Geschirrtuch aus und deckt sie mit der anderen Hälfte des Tuchs oder einem zweiten Tuch ab.

Merken, dann losrennen und suchen

Erst jetzt dürft ihr schauen: Für nur 30 Sekunden lüftet der Spielleiter die Decke. Prägt euch ganz genau ein, was ihr seht. Dann werden die Fundstücke wieder abgedeckt. Schließt kurz die Augen und aktiviert euer fotografisches Gedächtnis. Dann lauft ihr los und sucht die Gegenstände, die ihr vor eurem inneren Auge abgespeichert habt.

Auflösung

Nach 10–15 Minuten ist die Suchzeit vorbei. Kehrt zum Startpunkt zurück und legt alles, was ihr gesammelt habt, auf den Boden. Der Spielleiter holt nun eines der zugedeckten Objekte nach dem anderen hervor und alle können ihre dazu passenden Fundstücke zeigen. Könnt ihr auch genau sagen, was ihr gefunden habt?

Je nach Jahreszeit
Im Herbst sammelt ihr vielleicht Herbstlaub oder Zapfen, im Frühjahr und Sommer Blüten und Blätter. So wird das Spiel nie langweilig.

Das Spiel hilft euch, eure Aufmerksamkeit auf die kleinen Dinge in der Natur zu lenken. Ganz wichtig: Sammelt nur ungiftige Pflanzen oder Pilze.

Hoch konzentriert Wer sich Details gut einprägen kann, hat es leichter, Pflanzen und Tiere wiederzuerkennen.

↑ **Nicht vergessen** Verseht eure Anhänger vor dem Backen mit Löchern für das Band oder die Schnur.

↓ **Zart und dauerhaft** Vergissmeinnicht (S. 278) eignen sich gut für Anhänger.

↑ **Viele Varianten** Größe und Form der Anhänger können variieren. Ihr könnt auch mal eckige oder ovale Formen ausstechen.

Vielseitige Deko: Hängt die Blütentaler an Zweige, die ihr in eine Vase stellt oder verwendet sie als Geschenkanhänger.

BLÜTENANHÄNGER

Schönheiten in Salzteig haltbar machen

Wann
Frühling bis Herbst

Wo
Wiese, Feldrand und Zuhause

Ihr braucht
Gesammelte Blüten
125 g Mehl
90 g Speisestärke
130 g Salz
150 ml Wasser
Wasserglas
Schnur

Besonderes Werkzeug
Teigrolle
evtl. Pfannenwender
Dünne Stricknadel oder Ähnliches

Zeitbedarf
1–2 Stunden (Basteln)+ Backzeit)

Kneten und sammeln

Zarte Blüten und Blätter lassen sich in schönen Anhängern verewigen. Dafür verknetet ihr Mehl, Speisestärke, Salz und Wasser zu einem glatten Teig und bewahrt ihn in einer Schüssel auf. Nun sucht ihr schöne Blüten und Blätter auf einer Wiese, am Wegesrand oder an Feldrändern.

So geht's

Rollt einen Teil des Teigs auf einer bemehlten Arbeitsfläche aus. Ihr habt die Wahl, ob ihr nur das Relief, also den Abdruck eurer Funde, im Teig haben wollt oder ob ihr die Blüten später mit backt. Wenn ihr nur einen Abdruck möchtet, rollt ihr den Teig ca. 1 cm dick aus, legt die Blüten oder Blätter darauf und rollt dann erneut darüber, bis der Teig nur noch etwa 0,5 cm dick ist. Dann entfernt ihr die Pflanzenteile vorsichtig und stecht die Motive mit dem Wasserglas aus. Sollen Blüten oder Blätter mit auf den Anhänger, rollt ihr den Teig gleich 0,5 cm dünn aus, stecht die Kreise aus, legt eure Blüten oder Blätter darauf und drückt sie vorsichtig fest. Zum Schluss stecht ihr mit der Stricknadel je ein Loch oben in die Anhänger.

Ab in den Ofen

Legt die Anhänger mit dem Pfannenwender auf ein mit Backpapier ausgelegtes Blech und lasst sie 1 Stunde bei 50 Grad Umluft trocknen. Dann backt ihr sie (Vorsicht: heiß!) bei 120 Grad Umluft oder 140 Grad Ober-/Unterhitze 1 Stunde. Sind sie abgekühlt, fädelt ihr die Schnur durch die Löcher.

LÖWENZAHNGELEE KOCHEN

Süßer gelber Brotaufstrich

Wann
Mai und Juni

Wo
Auf Wiesen und in der Küche

Ihr braucht
150 g Löwenzahnblüten
1 l Wasser
500 g Gelierzucker
50 g brauner Zucker
Eine Bio-Zitrone
3–4 Schraubgläser

Besonderes Werkzeug
Seih- oder Geschirrtuch
Schöpfkelle

Zeitbedarf
1–2 Stunden + 1 Nacht

„Löwenzähne" sammeln

Nicht ohne Grund fliegen viele Insekten auf die Löwenzahnblüten (S. 285). Aus ihnen lässt sich auch ein leckerer Brotaufstrich herstellen. Beste Voraussetzungen für eure Ernte sind mehrere Tage trockenes Wetter bei voller Blüte des Löwenzahns. Sammelt 150 g Blüten, am besten in einem Korb. Zuhause schüttelt ihr die Blüten über einem Geschirrtuch aus, so fallen Tierchen heraus, die vielleicht in den Blüten sitzen. Dann zupft ihr die gelben Blütenblätter aus den grünen Blütenkelchen heraus, ihr benötigt 100 g.

Gelee kochen

Gebt die Blüten zusammen mit dem Wasser in einen Topf und kocht sie mit der in Scheiben geschnittenen Zitrone auf. Vorsicht, heiß! Rührt gelegentlich um und lasst alles etwa 15 Minuten köcheln. Dann nehmt ihr den Topf vom Herd, legt einen Deckel darauf und lasst alles über Nacht ziehen. Am Folgetag gießt ihr den Sud durch ein Seihtuch oder ein Geschirrtuch ab. Gebt den Zucker hinzu und kocht die Mischung auf. Gut umrühren!

Achtung, heiß!

Füllt die heiße Flüssigkeit nach der Gelierprobe mit einer Schöpfkelle in mit kochendem Wasser ausgespülte Schraubgläser und schließt sofort die Deckel. Lasst euch von Erwachsenen helfen. Das Gelee wird fest, während es vollständig abkühlt. Verschlossen hält das Gelee ein Jahr.

Sammelt die Blüten auf einer Wiese, die weit von Straßen und anderen Quellen von Verschmutzung entfernt ist.

← **Frühsommerlich lecker**
Im Glas ist der süße Duft der Löwenzahnwiesen auch noch nach der Hauptblüte für euch konserviert.

Nur gelbe Blütenblätter
Entfernt die grünen Kelchblätter. Sie sind zwar auch essbar, der Geschmack des Gelees wird ohne sie aber intensiver. ↓

Bei der Gelierprobe gebt ihr wenige Teelöffel der Gelee-Flüssigkeit auf einen Teller und prüft, ob sie beim Abkühlen fest wird.

↑ **Bunte Vielfalt** Die Purpurrote Taubnessel (S. 247) zählt zu den ersten bunten Farbtupfern im Jahr.

Joker-Fach In dieses Fach legt ihr z. B. „etwas Weiches“ oder „etwas, das nicht in die Natur gehört“ wie etwa einen Kronkorken. →

Immer wieder Einmal bemalt könnt ihr die Pappe beliebig oft zum Sammeln nutzen. ↓

Je nach Ort und Jahreszeit werdet ihr immer wieder neue, andere Dinge finden. Wer schafft es, auch im Winter alle Fächer zu füllen?

ENTDECKERPAPPE

Auf der Suche nach buntem Allerlei

Wann
Ganzjährig

Wo
Zuhause und unterwegs

Ihr braucht
Eierpappe
Deckfarbkasten oder Buntstifte

Besonderes Werkzeug
Keines

Zeitbedarf
60 Minuten Basteln und Trocknen + Spielzeit

Kleines entdecken

Den Blick für die Details der Welt kann man trainieren. Um die natürliche Neugierde zu fördern und zu bewahren, ist die Entdeckerpappe eine klasse Übung. Sie regt euch an, euch mit Farben, Materialien, Strukturen und Formen zu beschäftigen. Nebenbei befasst ihr euch damit, Pflanzen, Tiere oder Objekte aus der Natur zu bestimmen.

Eierkarton bemalen und los geht's

Malt die Fächer einer Eierpappe in unterschiedlichen Farben an, sodass eine bunte Farbpalette entsteht. Der Auftrag lautet, für jedes Fach des Kartons in der Natur nach einem Gegenstand in der entsprechenden Farbe zu suchen. Habt ihr etwas gefunden, legt ihr es in euren Karton. Wichig: Niemals lebende Tiere sammeln!

Was habt ihr gefunden?

Sobald alle Fächer mit Objekten gefüllt sind, begutachtet ihr gemeinsam, was für Fundstücke es sind. Vielleicht könnt ihr am Fundort Hinweise finden, um welche Art es sich handelt. Die Früchte sind zum Beispiel nur eines von vielen Erkennungsmerkmalen eines Baums. Anhand der Blüten lassen sich Blumen leicht erkennen. Bei Vogelfedern könnt ihr vielleicht feststellen, ob die Feder vom Flügel, Bauch oder Schwanz stammt. Zum Schluss überlegt ihr: Welche Fächer ließen sich leicht, welche schwer füllen? Welche Farbe ist am Sammelort am häufigsten?

HOLUNDERPERLENSCHMUCK

Halsketten und Armbänder aus der Natur

Wann
Frühling und Sommer

Wo
An Hecken und Feldgehölzen und zuhause

Ihr braucht
Frische Holunderzweige, fingerdick
Schnur

Besonderes Werkzeug
Schleifpapier
Gartenschere
Stricknadeln

Zeitbedarf
60 Minuten

Zweige mit weichem Kern

Holundersträucher (S. 321) haben im Vergleich zu anderen Gehölzen eine Besonderheit: Ihre Zweige sind im Kern mit einem hellen Mark gefüllt, das weich wie Schaumgummi ist. Dank dieser Eigenschaft könnt ihr aus Holunderzweigen leicht Holzperlen basteln und zu Halsketten und Armbändern aufziehen.

So geht's

Besorgt euch Holunderzweige. Sie sollten etwa fingerdick sein, damit die Markröhre in der Mitte so groß ist, dass mindestens eine Stricknadel hindurch passt. Passt auf, dass der Zweig insgesamt schon ausreichend verholzt ist. Junge Triebspitzen sind nämlich noch weich und grün und werden erst später hart. Schneidet die Zweige mit der Gartenschere in 2–3 cm lange Stücke. Die Länge könnt ihr variieren, wobei sich dieses Maß gut zum Auffädeln eignet. Geht beim Schneiden vorsichtig vor oder lasst euch von Erwachsenen helfen.

Mark herausschieben

Nun schiebt ihr mit einer Stricknadel das weiche Mark aus jedem Zweigstück. Entfernt danach die weiche Rinde (das geht oft schon mit den Fingern) und schleift die entstandene Perle schön glatt. Die Perlen könnt ihr direkt auf die Schnur fädeln oder vorher noch bunt anmalen. Passt die Länge der Schnur am besten vorher an euren Hals oder das Handgelenk an.

Naturfarben Den Saft aus Holunderbeeren und -blättern könnt ihr zum Färben verwenden.

Geschicktes Werkzeug Ein dünner Stock kann euch als Schieber für den weichen Markkern dienen.

Ideal zum Auffädeln Ist das Mark entfernt, bleibt eine scheinbar perfekt runde Röhre zurück.

↑ **Haltbar** Bei trockenem Wetter trocknen und öffnen die Blüten schnell. Sie halten dann erstaunlich lang.

Verblüht Der grüne Kelch verblühter Blüten ist länglich. Oft stehen vertrocknete Blütenblätter oder schon die weißen Flughärchen an der Spitze. ↓

↑ **Von unten nach oben** Wenn ihr die Blüten mit dem Blütenboden zuerst auffädelt, zerknicken die zarten Härchen nicht.

PUSTEBLUMEN-POMPONKETTE

Zauberhafte Löwenzahngirlande basteln

Wann
Frühling und Sommer

Wo
Auf Wiesen und zuhause

Ihr braucht
Verblühte, geschlossene Löwenzahnblüten

Besonderes Werkzeug
Nadel und Faden

Zeitbedarf
10–15 Minuten + 1 oder mehr Tage Wartezeit

Verbreitungswunder Pusteblume

Die Natur ist kreativ, wenn es um die Ausbreitung von Pflanzensamen geht. Häufig müssen Blütenstände austrocknen, um sich selbstständig zu versamen. Denn wenn pflanzliche Fasern trocknen, entstehen Spannungen. So platzen dann z. B. die Samenkapseln des Springkrauts (S. 246) auf und verschleudern ihre Samen. Beim Löwenzahn (S. 285) faltet sich der Kelch des gelben Blütenköpfchens vollständig zusammen und klappt zur großen Pusteblume wieder auf, wenn die Samen ausgereift sind und verweht werden können.

Verblühte Löwenzähne

Offene, reife Pusteblumen sind bekanntlich sehr empfindlich und zerfallen bei Berührung oder Wind. Deshalb müsst ihr verblühte, noch geschlossene Löwenzahnblüten sammeln – so viele, wie ihr möchtet. Entfernt den Stängel, stecht mit der Nadel durch den Blütenboden und fädelt das Blütenköpfchen auf.

Die Pomponkette entsteht

Nun fädelt ihr vorsichtig die weiteren Blüten auf. Alternativ könnt ihr die Stängel dran lassen und mit dem Fingernagel ein Loch in das jeweilige Ende bohren, durch das ihr den Stängel der nächsten Blüte fädelt. Die Stängel ersetzen dann den Faden. Setzt dies so lange fort, bis die Kette so lang ist, wie ihr möchtet. Hängt sie dann an einem windgeschützten Ort auf und freut euch auf die sich bald öffnenden Pompons.

WANDERSTAB DER ERINNERUNGEN

Was ihr unterwegs so alles findet

Wann
Ganzjährig

Wo
Auf einer Wanderung

Ihr braucht
Stöcke in Wanderstablänge
Bunte Gummibänder oder Schnüre

Besonderes Werkzeug
Keines

Zeitbedarf
Je nach Dauer der Wanderung

Damit nichts verloren geht

Wenn wir in der Natur unterwegs sind, gibt es so viel zu entdecken. Am Ende eines Wandertags kann es dann schwerfallen, sich an alles zu erinnern. Damit ihr nichts vergesst, könnt ihr einen „Wanderstab der Erinnerungen" basteln. Dann wisst ihr noch genau, was ihr erlebt habt und könnt besser erzählen.

Den perfekten Stock finden

Sucht euch einen Stock, zum Beispiel in einem Feldgehölz oder einer Hecke. Er sollte euch gefallen und angenehm zu tragen sein, denn ihr nehmt ihn nun auf eurer Tour mit.

Was euch wichtig ist

Ab jetzt liegt es an euch: Verewigt eure Erlebnisse, indem ihr kleine Erinnerungsstücke sammelt und an euren Stock bindet. Vielleicht das Blatt einer knorrigen Eiche, in deren Geäst ihr geklettert seid. Oder ein kleines Büschel Schafwolle, das sich neben einer Weide mit vielen blökenden Schafen im Gras verfangen hat. Immer wenn ihr etwas bemerkenswert findet, könnt ihr ein Detail aus dieser Szene aussuchen. Befestigt das erste Fundstück an der Stabspitze und ergänzt die Gegenstände der Reihe nach.

Was ihr erlebt habt

Am Ende der Wanderung könnt ihr den Tag noch einmal zusammenfassen. Eure Fundstücke werden dann zu hilfreichen Gedankenstützen.

↑ **Einzigartig** Jeder Wanderstab ist einzigartig und am Ende entstehen kreative Kunstwerke.

Blick für Details Das genaue Hinsehen auf eurer Wanderung schafft unvergessliche Erinnerungen. ↓

↑ **Gummibänder** Sie erleichtern die Befestigung enorm und sind für jüngere Kinder hilfreich.

↑ **Hohe oder tiefe Töne?** Je mehr ihr vom Mundstück-Hölzchen abschneidet, desto tiefer wird der Pfeifenton.

← **Die Rinde lösen** Zum Klopfen legt ihr das Hölzchen am besten auf euren Oberschenkel.

↓ **Den Ton finden** Probiert aus, in welchem Winkel ihr die Pfeife halten müsst, um einen klaren Ton zu erzeugen.

Je nachdem, wie nass das Holz ist, dauert das Abklopfen mehr oder weniger lang. Habt Geduld und klopft vorsichtig.

EINE MAIPFEIFE SCHNITZEN

Von der Haselnussrute zum Musikinstrument

Wann
Mai

Wo
Feldgehölz, Hecke und Arbeitstisch

Ihr braucht
Haselrute (alternativ Eberesche), ca. 1 cm dick

Besonderes Werkzeug
Schnitzmesser
Gartenschere

Zeitbedarf
20–30 Minuten

Das passende Holz

Wenn Gehölze im Frühjahr besonders viel Wasser führen, eignen sich ihre Zweige zur Herstellung von Pfeifen. Sucht dafür eine Rute von einem Haselstrauch (S. 310) und schneidet mit der Gartenschere vorsichtig ein gerades Stück zwischen zwei Knospen heraus.

Schnitz- und Klopfkünste

Am dickeren (unteren) Ende befindet sich später das Mundstück der Pfeife. Schnitzt mit dem Messer etwa 1–2 cm davon entfernt eine kleine Kerbe in Richtung des Endes. Die Kerbe sollte ca. 0,5 cm lang und ein Drittel so tief sein wie der Durchmesser des Astes. Die Länge eurer Pfeife legt ihr fest, indem ihr die Rinde einmal rundherum einschneidet. Dann ist Geduld gefragt, denn jetzt müsst ihr durch Klopfen mit eurem Messergriff ringsum die Rinde ablösen. Prüft zwischendurch, ob sich schon etwas tut. Ist die Rinde locker, umfasst ihr das Pfeifenstück mit der ganzen Hand und dreht vorsichtig an der Rinde. Zieht die dünne Hülle behutsam ab und legt sie vorsichtig beiseite. Schneidet das Ende vor der Kerbe mit der Gartenschere ab und schneidet von diesem Mundstückhölzchen etwa 2 mm ab (s. Foto oben).

Zusammenbau

Steckt nun die Rindenhülle zurück auf den eben herausgezogenen Holzkern, 2 cm genügen (s. Foto rechts unten). Zum Schluss schiebt ihr das eben bearbeitete Hölzchen in das Mundstück.

HOLUNDERSAFT KOCHEN

Köstlicher Saft gegen Erkältungen

Wann
September

Wo
Draußen und zuhause

Ihr braucht
2 kg Holunderbeeren
200 g Zucker
etwas Wasser
½ TL Zimt
3 Nelken
Große Schüssel
Großer Topf
Glasflaschen
Evtl. Kochschürze

Besonderes Werkzeug
Gabeln
Trichter
Feines Küchensieb

Zeitbedarf
1–2 Stunden

Schleimlösend und schweißtreibend

Ein wirksames Mittel gegen Erkältungen ist der Saft aus den Beeren des Schwarzen Holunders (S. 321). Er schmeckt herrlich fruchtig-intensiv, wirkt schleimlösend und schweißtreibend. Ideal, um bei Erkältungen schnell wieder zu Kräften zu kommen!

Ran an die Beeren

Sammelt für 2 Liter Saft 2 Kilogramm reife Holunderbeeren. Wascht die Dolden im Wasserbad und streift dann die einzelnen Beeren mit der Hand oder mit einer Gabel vom Strunk in eine Schüssel ab. Gebt die Beeren in einen großen Topf und gießt Wasser dazu, bis sie alle schwimmen. Dann kocht ihr den Topfinhalt einmal auf und lasst ihn für 20 Minuten köcheln, während ihr regelmäßig umrührt. Vorsicht, heiß! Streicht die gekochten Beeren portionsweise durch euer Küchensieb (alternativ durch eine Flotte Lotte).

Süß und lecker

Den durchgedrückten Saft gebt ihr wieder in den Topf und fügt Zucker, Zimt und Nelken hinzu. Kocht ihn dann noch einmal auf und füllt ihn möglichst heiß durch den Trichter in hitzebeständige Flaschen ab. Am besten übernimmt das ein Erwachsener. Verschließt die Flaschen sofort und lasst sie gut abkühlen. Bei Bedarf erhitzt ihr den Saft mit etwa der gleichen Menge Wasser. Dunkel und trocken gelagert hält diese Köstlichkeit bis zur nächsten Holunderbeerensaison.

↑ **Vorsicht, Flecken!** Da Holunderbeeren stark färben, solltet ihr keine empfindliche Kleidung tragen.

An warmen Sommertagen und als Dessert lässt sich aus dem Saft schnell eine kalte Holundersuppe mit Grießklößen zubereiten. Köstlich!

↑ **Großer Topf** Achtet darauf, dass der Topf wirklich groß genug ist, damit der Inhalt beim Aufkochen nicht über den Rand läuft.

Jede Kapsel ist einzigartig. Es gibt immer unterschiedlich viele verwachsene Kämmerchen. Deshalb sehen eure Muster immer wieder anders aus.

← **Persönliche Note** Beschenkte werden sich sehr über eure kreativen Kunstwerke freuen.

Nach Lust und Laune Mit verschiedenen Farben könnt ihr ein buntes Muster stempeln. ↓

Lasst unbedingt immer genügend Kapseln an der Pflanze stehen, damit sich diese am Wuchsort wieder aussäen kann.

BRIEFPAPIER VERZIEREN

Mit Mohnstempeln Muster drucken

6

Wann
Sommer bis Herbst

Wo
Draußen und an einem Tisch

Ihr braucht
Samenstände von Mohnblumen
Stempelkissen in verschiedenen Farben
Briefpapier

Besonderes Werkzeug
Mal- oder Backpinsel

Zeitbedarf
45 Minuten

Hübsche Samenkapseln

Die meisten Mohnblumen-Arten sind einjährige Pflanzen und wachsen jeden Frühling aus ihren winzigen Samen. Mehrere kapselartige Gefäße sind miteinander verwachsen und bilden die Samenstände. Oben sind diese Kapseln etwas abgeflacht und die Nähte, an denen die Kämmerchen zusammengewachsen sind, bilden ein sternförmiges Relief. Genau diese Stelle könnt ihr wie einen Stempel benutzen.

Verblühte Mohnblumen finden

Verblühte Mohnblumen findet ihr in Gärten, auf Wildblumenwiesen oder an Feldrändern. Ihr könnt noch grüne oder auch schon ganz ausgereifte Kapseln verwenden. Reinigt die Kapseln vor dem Stempeln von eventuellen Krümeln, Staub oder Spinnenweben. Dafür eignet sich zum Beispiel ein trockener Mal- oder Backpinsel.

Zuhause gleich loslegen

Dann kann das Stempeln auch schon beginnen und ihr könnt Briefpapier, Umschläge, Gruß-, Tischkarten und vieles mehr verschönern. Sollten eure Stempel mit der Zeit weich werden, lasst ihr sie bis zum nächsten Einsatz etwas trocknen. Nach dem Stempelprojekt ist es oft immer noch möglich, die Samen aus den Kapseln draußen zu verstreuen – für Mohnblüten im nächsten Jahr.

WAS FÜHLST DU?

Natur ertasten ohne eure Fingerspitzen

Wann
Ganzjährig

Wo
In der Natur

Ihr braucht
Mindestens
2 Mitspieler
Gegenstände aus der Natur, die sich unterschiedlich anfühlen

Besonderes Werkzeug
Keines

Zeitbedarf
20–30 Minuten

Euren Tastsinn herausfordern

Bei diesem Spiel ist euer Tastsinn gefragt. Es geht darum, Gegenstände aus der Umgebung zu fühlen – und zwar ohne eure Fingerspitzen. Ihr werdet staunen, dass es gar nicht so leicht ist, die Dinge richtig zuzuordnen.

So geht's

Am besten spielt ihr zu mehreren. Zu Beginn bestimmt ihr, wer das Spiel leitet. Diese Person sammelt als erstes verschiedene Gegenstände – und zwar so, dass ihr diese nicht seht. Das können z. B. Steine, Blätter, Federn, Gräser und andere Dinge sein. Dann stellt oder setzt ihr euch nebeneinander, schließt die Augen und streckt die Hände aus. Reihum streicht die Spielleitung mit den Gegenständen über eure Handrücken und Handinnenflächen. Nach jedem Durchgang erzählt jeder, was er oder sie gefühlt hat. Sagt dabei aber nicht, um welchen Gegenstand es sich handeln könnte. Danach löst die Spielleitung auf.

Was war's?

Als nächstes sucht sich jeder Spieler drei Gegenstände aus der Umgebung und hält sie vor den anderen versteckt. Stellt euch die neuen Dinge paarweise vor. Erzählt euch, welche Objekte ihr vermutet und löst anschließend auf, worum es sich handelt. Tauscht euch auch darüber aus, ob es manchmal schwer war, zu erfühlen, was es ist. Woran könnte das liegen?

↑ **Feingefühl** Bemerkt ihr einen Unterschied beim Fühlen mit Handrücken und Handinnenfläche?

Mit diesem Spiel könnt ihr erleben, wie viele unterschiedliche Formen und Strukturen es in der Natur gibt.

↑ **Mit den Füßen** Wenn es warm genug ist, könnt ihr auch Schuhe und Socken ausziehen und mit euren Füßen fühlen. Was fällt euch auf?

Achtet darauf, das Wasserrad in Fließrichtung aufzuhängen. Was verändert sich, wenn ihr euer Rad an unterschiedlichen Stellen im Wasserstrom platziert? Dreht es sich schneller oder langsamer?

Vorsicht beim Umgang mit Messern! Beachtet den Hinweis auf Seite 13.

↑ **Sorgfältig arbeiten** Die Schlitze für die Eisstielhälften müssen einander möglichst genau gegenüberliegen, damit das Rad schön rund läuft.

↓ **Fingerspitzengefühl** Klebt die Eisstiele so ein, dass sie alle gleich lang aus dem Schraubdeckel ragen.

WASSERRAD AUS EISSTIELEN

Die kleine Kraftmaschine für den Bach

Wann
Frühling bis Herbst

Wo
An einem Bach

Ihr braucht
1 Plastikschraubdeckel
4 Eisstiele
1 Holzspieß
2 Zweige mit Astgabel

Besonderes Werkzeug
Gartenschere
Ahle
Messer
Flüssigkleber

Zeitbedarf
30–45 Minuten

Wasserkraft sichtbar machen

Schon früh haben Menschen die Kraft von fließendem Wasser für sich entdeckt und leiteten mit Wasserrädern die Energie von Bächen oder Flüssen um, um z. B. Mühlsteine oder Sägen zu betreiben. Ein Miniaturwasserrad lässt sich ganz einfach bauen. So könnt ihr beobachten, wie fließendes Wasser Energie überträgt.

Erst Eis am Stiel essen!

Halbiert vier Eisstiele mit der Gartenschere. In die Mitte des Plastikschraubdeckels bohrt ihr mit der Ahle ein Loch für euren Holzspieß. Der Spieß sollte später fest im Loch sitzen (wenn nötig festkleben). Nun schneidet ihr mit dem Messer in gleichmäßigen Abständen 8 Schlitze so in den Deckelrand, dass sich je zwei genau gegenüberliegen. In diese Schlitze steckt ihr die Eisstielhälften und fixiert sie mit Klebstoff. Ist der Kleber trocken, steckt ihr den Spieß durch das Loch im Deckel.

Standfestigkeit für's Rad

Nun sucht 2 etwa gleich lange Zweige, die beide eine Astgabel haben. Brecht sie so ab, dass die Astgabeln auf gleicher Höhe sind. An einer flachen Stelle im Wasser steckt ihr die Zweige nebeneinander in den Gewässergrund. Hängt den Spieß mit eurem Wasserrad in die 2 Gabeln ein und beobachtet, was passiert.

ENERGIEFLUSS-STAFFELLAUF

Ein Wettlauf um Ressourcen

Wann
Ganzjährig

Wo
Freie Fläche oder an einem seichten Gewässerufer

Ihr braucht
2 Wannen
5 kleine Eimer mit vielen Löchern im Boden
Stäbe als Markierungen für die Stationen
2 große heile Eimer

Besonderes Werkzeug
Keines

Zeitbedarf
15–20 Minuten

Die Sache mit der Umwandlung

Energie kann nicht verloren gehen, sie wird nur umgewandelt. Pflanzen produzieren mithilfe von Sonnenlicht Biomasse, die die Pflanzenfresser aufnehmen und daraus ihren Körper aufbauen. Von ihnen ernähren sich die Fleischfresser. Schließlich zersetzen Kleinstlebewesen und Mikroorganismen tote Lebewesen und machen die Nährstoffe für Pflanzen wieder zugänglich.

Ein Spiel mit „Ente“ und „Otter“

Dieses Spiel vergleicht den Energieverbrauch von Pflanzen- und Fleischfressern. Es gibt 2 Teams: die Ente (2 Personen) und den Fischotter (3 Personen). Gebt Wasser in die Wannen – sie sind die „Sonne“. Markiert dann mit den Stäben die Stationen (Alge – Ente – Otter), sie sollten immer 5 Meter voneinander entfernt liegen. Auf ein Kommando füllen die „Sonne“-Läufer ihre durchlöcherten Eimer und laufen zur „Alge“, wo sie das verbleibende Wasser in die Eimer der nächsten Läufer gießen. Die Alge-Läufer rennen weiter zur „Ente“, wo der Weg des Ente-Teams endet und das Wasser im heilen Eimer gesammelt wird. Das andere Team muss noch zum großen Eimer des „Otters“ rennen.

Was fällt euch auf?

Vergleicht, welches Team mehr Wasser ans Ziel bringen konnte. Erstaunlich, wie viel mehr Energie der Otter (S. 135) verbraucht, nicht wahr?

↑ **Wettlauf** Team „Ente" und Team „Otter" treten gegeneinander an.

Fair Play Markiert die Übergabepunkte genau, sodass beide Teams die gleichen Strecken laufen. ↓

↑ **Im Vorteil** Wie schnell das Team „Otter" auch läuft, am Ende ist der Eimer von Team „Ente" voller, weil Pflanzenfresser weniger Energie verbrauchen.

↑ **Durchblick** In einer hellen Wanne oder einem durchsichtigen Gefäß sind die Tiere gut zu sehen.

↑ **Fest verbunden** Achtet darauf, das Sieb sicher mit dem Stock zu verbinden, damit ihr es beim Keschern nicht verliert.

Behutsam Bewegt den Kescher → langsam und ruhig, damit die Tiere nicht fliehen. Dann setzt ihr euren Fang zügig vom Gewässer in die Wanne, um ihm Stress zu ersparen.

EINEN KESCHER BAUEN

Das Leben im Teich entdecken

Wann
Frühling bis Herbst

Wo
Gewässerufer oder Steg

Ihr braucht
Langer Stock, ca. 3 cm Durchmesser
Küchensieb mit Stiel
Wanne oder durchsichtiges Gefäß, gefüllt mit Wasser
2 Schlauchschellen

Besonderes Werkzeug
Schraubendreher
evtl. Lupe

Zeitbedarf
30–40 Minuten

Gewässer sind voller Leben

Mithilfe eines einfachen Keschers könnt ihr die Tiere in einem Teich kennenlernen. Ihr werdet sehen, dass einige von ihnen winzig sind und wir sie vom Ufer aus gar nicht entdecken können. In einer mit Wasser gefüllten Wanne könnt ihr sie dagegen in Ruhe bestimmen und beobachten, bevor ihr sie wieder in ihren Lebensraum entlasst.

Zusammenbauen

Dreht die Schrauben der beiden Schlauchschellen mit dem Schraubenzieher auf, sodass der Durchmesser der Schellen weiter wird und führt den Stock durch beide Schellen. Nun führt ihr auch den Griff des Siebs parallel zum Stock durch die Schellen und befestigt alles, indem ihr die Schellen mithilfe der Schrauben enger stellt.

Expedition starten

Sucht eine gut zugängliche Stelle am Ufer und beginnt, vorsichtig im Wasser zu keschern. Die eingefangenen Tiere setzt ihr in die mit Wasser gefüllte Wanne. Was habt ihr gefangen? Vielleicht erkennt ihr die Art auf den ersten Blick. Wenn nicht, dann überlegt zuerst, ob es ein Fisch, ein Amphib, ein Krebstier, eine Insektenlarve oder ein Wurm sein könnte. Wie bewegt es sich fort? Vielleicht habt ihr ein Bestimmungsbuch, das euch hilft. Aber auch ohne genaues Bestimmen ist es faszinierend, Wasserlebewesen zu beobachten. Entlasst die Tiere nach ein paar Minuten behutsam wieder in die Freiheit.

WASSERTRETEN

Das Immunsystem stärken im kalten Nass

Wann
Sommer bis Herbst

Wo
Flaches Gewässer oder Kneipp-Anlage

Ihr braucht
Nichts

Besonderes Werkzeug
Keines

Zeitbedarf
5 Minuten

Kaltes Wasser gegen Erkältungen

Das klingt erst einmal widersprüchlich. Doch tatsächlich ist genau das wissenschaftlich belegt: Ein intensiver Kältereiz animiert den Körper zur Verbesserung der Immunabwehr. Schon 1846 hat der Pfarrer Sebastian Kneipp das erkannt und seitdem die gesundheitliche Wirkung von kaltem Wasser auf den Körper untersucht. Eine Verbesserung von Immunsystem und Stoffwechsel tritt zwar erst nach einigen Anwendungen ein. Allerdings wirkt schon das erste Wasserbad belebend und sorgt für wohlig-warme Füße und Unterschenkel.

Im Storchengang

Probiert es selbst aus und wagt euch ins kühle Nass. 16–17 °C kaltes Wasser ist optimal. Zieht Schuhe und Socken aus und krempelt die Hosenbeine bis zu den Knien auf. Geht im Storchengang durch das Wasser, das euch bis kurz unter eure Knie reichen sollte. Bei jedem Schritt hebt ihr eure Beine ganz aus dem Wasser, bevor ihr sie wieder eintaucht.

Intensives Kältegefühl

Nach etwa 1–3 Minuten spürt ihr wahrscheinlich ein intensives Kältegefühl. Verlasst das Wasser, streift die Tropfen nur kurz ab und zieht Socken und Schuhe an. Geht dann so lange zügig umher (oder setzt eure Wanderung fort), bis Beine und Füße wieder warm sind. Was für ein schönes Gefühl!

↑ **Kneipp-Anlagen** Vielerorts findet ihr sogenannte Kneipp-Anlagen mit passender Wassertiefe und Geländern zum Festhalten. Eine herrliche Erfrischung an heißen Sommertagen!

↑ **Gute Balance** Ist der Untergrund steinig und uneben, solltet ihr euch einen langen Stock suchen. Er hilft euch, das Gleichgewicht zu halten.

Eure Füße müssen immer warm sein, bevor ihr mit dem Wassertreten beginnt. Außerdem solltet ihr dabei nie richtig auskühlen und frieren.

Vorsicht beim Umgang mit Messern! Beachtet den Hinweis auf Seite 13.

↑ **Sicherheitsnetz** Das Insektennetz über dem Schlauchende verhindert, dass Tiere in eurem Mund landen.

↑ **Nur kleine Tiere** Die Insekten müssen durch den Schlauch passen. Mit einem Marienkäfer (S. 196) geht das gut. Fangt also keine zu großen Tiere!

So geht es einfach Je kleiner die Dose, desto besser. Die Insekten lassen sich dann viel leichter ansaugen. →

KRABBELTIERSAUGER BAUEN

Insekten & Co. schonend fangen

Wann
Ganzjährig

Wo
Pflanzenreiche Ufer, Schilfgürtel

Ihr braucht
Durchsichtige Kunststoffdose mit Deckel
Ca. 20 cm langer Plastikschlauch
Kleines Stück Insektennetz
Klebstoff

Besonderes Werkzeug
Teppichmesser
Gartenschere

Zeitbedarf
20 Minuten

Achtung: klein und zart!

Insekten, Spinnen und andere Bodentiere sind sehr kleine, empfindliche Lebewesen. Um sie genau anzusehen, sind sie häufig zu weit weg oder bringen sich zu schnell in Sicherheit. Ein Insektensauger gibt euch die Möglichkeit, in Ruhe einen näheren Blick auf diese faszinierenden Tiere zu werfen, ohne sie dabei zu verletzen.

So geht's

Teilt den Plastikschlauch mit der Gartenschere in 2 gleich lange Stücke. Dann schneidet ihr mit dem Teppichmesser vorsichtig ein kleines Loch in den Boden der Kunststoffdose und steckt eines der Schlauchstücke hinein. Der Schlauch sollte 2–3 cm in die Dose hinein ragen und, falls er locker sitzt, festgeklebt werden. Außerdem sollte er 1–2 cm in die Dose hinein ragen. Beim Deckel wiederholt ihr dieses Vorgehen, legt aber ein Stück Insektennetz über das Schlauchende, bevor ihr es in das Lock steckt.

Suchen und saugen

Setzt den Deckel auf die Dose und macht euch auf die Suche nach Insekten. Ihr könnt sie z. B. gut auf Pflanzen in Gewässernähe finden. Habt ihr ein Insekt gefunden, haltet ihr das untere Schlauchstück nah an das Tierchen und saugt mit dem Mund am oberen Schlauchstück. Das Insekt wird nun in die Dose gesaugt und ihr könnt es genau beobachten. Wichtig: Lasst es nach kurzer Zeit wieder dort frei, wo ihr es gefunden habt.

MINIATURFLOSS BAUEN

Schwimmt auch in flachem Wasser

Wann
Ganzjährig, am besten im Sommer

Wo
Gewässerufer

Ihr braucht
Mehrere Stöckchen, ca. 25 cm lang
Juteschnur

Besonderes Werkzeug
Schere oder Messer

Zeitbedarf
30 Minuten

Vorsicht beim Umgang mit Messern! Beachtet den Hinweis auf Seite 13.

Lust auf Floß

Flöße haben eine lange Geschichte als Transportmittel auf dem Wasser. Heute gibt es sogar die Möglichkeit, in einem Hausboot auf einem Floß den Urlaub zu Wasser zu verbringen. Gegenüber Schiffen haben Flöße den Vorteil, dass sie kaum Tiefgang haben. Deshalb können sie auch auf nicht sehr tiefen Flüssen und Kanälen schwimmen.

Die Plattform

Aus einer Hand voll Stöckchen und einer Schnur könnt ihr leicht ein Miniaturfloß bauen. Sammelt dazu einige ähnlich dicke Stöckchen, die ihr am Ufer und in der näheren Umgebung findet. 12–15 Stück reichen meist. Brecht sie alle auf ungefähr die gleiche Länge. Legt sie probehalber nebeneinander und schaut, welche Stöckchen sich als Nachbarn gut ergänzen.

Stabilität erreichen

Wenn ihr die Stöckchen nebeneinander gelegt habt, wisst ihr auch, wie groß euer Floß werden wird. Nun sucht ihr 2 weitere Stöcke, die etwas länger sind, als euer Floß breit ist. Legt sie quer an die 2 kurzen Seiten eures Floßes. Sie sollen der Konstruktion Stabilität verleihen. Bindet nun jedes einzelne Stöckchen der Plattform mithilfe der Schnur an diesen beiden Querstöcken fest, indem ihr die Schnur fest verknotet. Nun könnt ihr euer Floß an einem seichten Ufer auf das Wasser setzen und ausprobieren, wie seetauglich es ist und was es transportieren kann.

↑ **Blumengruß** Mit bunten Blüten geschmückt ist das Floß eine hübsche Botschaft für andere Besucher des Gewässers.

Verwendet unbedingt nur trockene Stöckchen für euer Floß und brecht keine frischen Zweige von Bäumen oder Sträuchern ab.

↑ **Stabiles Floß** Die Stöckchen der Floßplattform müssen dicht an dicht liegen. Knotet sie mit der Schnur fest an die Querhölzer.

↑ **Was ist das?** Unter Wasser könnt ihr eine neue Welt entdecken mit Lebewesen, die ihr sonst nie zu Gesicht bekommt – hier eine Gelbrandkäferlarve.

Ohne Spiegelung Mithilfe der Dose könnt ihr einfacher durch die reflektierende Wasseroberfläche schauen. ↓

↑ **Zu zweit** Einer spannt die Folie, der zweite fixiert sie mit den Gummibändern. Vorher den Dosenrand glatt hämmern, damit ihr euch nicht verletzt.

BLICK UNTER WASSER

Eine Dose für Forscher und Forscherinnen

Wann
Ganzjährig, wenn das Wasser nicht gefroren ist

Wo
Zuhause und am Wasser

Ihr braucht
1 leere Blechdose (Konservendose)
Gummibänder
Klarsichtfolie

Besonderes Werkzeug
Dosenöffner
Hammer

Zeitbedarf
15 Minuten

Leben unter Wasser

Der Blick aufs Wasser ist schön, doch spannend ist auch, was sich unter der glitzernden Oberfläche verbirgt. Doch weil das Licht von der Wasseroberfläche reflektiert wird, können wir kaum erkennen, was unter Wasser ist. Und dort gibt es mehr zu sehen, als wir vermuten. Doch mithilfe einer einfachen Konstruktion können wir das Leben unter Wasser leicht beobachten.

Dosenumbau

Trennt aus einer leeren Blechdose mit dem Dosenöffner sowohl den Boden als auch den Deckel heraus. Macht die scharfen Ränder unschädlich, damit ihr euch nicht verletzt. Dazu klopft ihr sie vorsichtig mit einem Hammer flach. Die eine der beiden Öffnungen wird nun wieder verschlossen, indem ihr die Klarsichtfolie glatt darüber legt. Spannt sie leicht, damit ihr später die Unterwasserwelt deutlich sehen könnt, und fixiert die Folie mit den Gummibändern. Am besten macht ihr das zu zweit, das geht leichter. Bemesst die Folie großzügig, sie sollte gut über die Dose reichen. So verrutscht später nichts und es läuft auch kein Wasser von außen unter die Folie.

Mit Lupeneffekt

Kniet euch an einem flachen Teich ans Ufer und schaut durch die Dose ins Wasser. Durch den Wasserdruck wölbt sich die Folie etwas nach oben. So entsteht ein leichter Lupeneffekt und ihr seht alles leicht vergrößert. Was endeckt ihr?

MÜHLE SPIELEN

Ein Spiel aus Muscheln und Steinen

Wann
Ganzjährig

Wo
Sandstrand

Ihr braucht
2 Personen
9 Muscheln
9 Steine
Stöckchen

Besonderes Werkzeug
Keines

Zeitbedarf
10–20 Minuten pro Runde

Das Mühlespiel

Mühle ist ein kurzweiliges Spiel und trainiert vorausschauendes Denken. Es geht darum, Steine des Gegners vom Spielfeld zu entfernen. Dafür sind „Mühlen" erforderlich, bei denen 3 eigene Steine in einer Reihe liegen. Wer eine Mühle bildet, darf einen beliebigen gegnerischen Stein entfernen. Einzige Ausnahme ist, wenn dieser Stein Bestandteil einer Mühle ist.

Spielfeld und „Spielsteine"

Zeichnet das Spielfeld aus drei ineinander liegenden Quadraten und vier Verbindungslinien in den Sand. Jede Ecke und jeder Verbindungspunkt ist ein möglicher Ablageplatz eurer Spielsteine, für die ihr Muscheln und Steine nehmt, die ihr vor Ort findet. Der eine Spieler bekommt Muscheln, der andere Steine.

Das Spiel beginnt

Zuerst setzt ihr abwechselnd je einen Stein bzw. eine Muschel auf einen der Ablageplätze. Seid ihr damit fertig, darf bei den folgenden Zügen pro Runde jeder Spieler immer einen seiner Steine bzw. Muscheln um einen Platz verschieben. Geht das nicht mehr, hat er bereits jetzt verloren. Sobald ein Spieler nur noch 3 Steine übrig hat, beginnt die Endphase. Dieser Spieler darf bei jedem Zug mit einem seiner Steine an eine beliebige freie Stelle springen. Das Spiel endet, sobald ein Spieler nur noch 2 Steine hat oder nichts mehr verschieben kann.

↑ **In den Sand geritzt** Muscheln und Steine sammeln, das Spielfeld mit einem Stöckchen in den Sand zeichnen – und schon könnt ihr mit dem Mühlespiel beginnen.

← **Spielen mit Köpfchen!** Legt eure Steine oder Muscheln strategisch. So macht ihr es eurem Gegner schwer, eine Mühle zu legen und das Spiel bleibt spannend!

↑ **Deko im Wind** Auf Schnüre aufgefädelt, ergeben Hühnergötter dekorative Windspiele, z. B. auch für den Garten.

← **Mit Inhalt** Manchmal sind noch Reste der Einschlüsse erhalten. Hier ist es Kreide.

↓ **Schmuckstück** Kleine Exemplare eignen sich als Kettenanhänger. So hat man seinen Glücksbringer immer dabei und auch hübsche Mitbringsel.

Sammelt diese besonderen Steine nur in geringen Mengen und ausschließlich für euren eigenen Bedarf.

HÜHNERGÖTTER

Feuersteine mit Löchern sammeln

Wann
Ganzjährig

Wo
Am Kies- oder Sandstrand

Ihr braucht
Beutel oder Jackentaschen

Besonderes Werkzeug
Keines

Zeitbedarf
Beliebig

Nicht hineingebohrt!

Unter den ans Meeresufer gespülten Fundstücken befinden sich neben Muscheln und üblichen Steinen manchmal auch sogenannte Hühnergötter. Dabei handelt es sich zwar auch um Steine, jedoch um keine gewöhnlichen. Sie weisen nämlich Löcher auf. Diese wurden nicht in sie hineingebohrt, sondern sind natürlich entstanden. Hühnergötter sind immer Feuersteine – ihr Name stammt von den Funken, die sie versprühen, wenn man sie aufeinander schlägt. Dabei splittern sie leicht und wurden deshalb von unseren Vorfahren als scharfkantige Werkzeuge eingesetzt. Die Löcher in Feuersteinen entstehen durch Einschlüsse vergänglicher Materialien. Das können z. B. Fossilien oder Kreide sein, die mit der Zeit vom Meer ausgewaschen werden.

Woher der Name kommt

Der Name Hühnergott entstammt wahrscheinlich dem Glauben, dass Hühner zum vermehrten Legen von Eiern angeregt werden, wenn man diese Steine im Stall aufhängt. Außerdem galten die Steine im slawischen Volksglauben als Glücksbringer und Beschützer gegen Unheil.

Feine Fundstücke

Das Sammeln von Hühnergöttern ist eine kleine Herausforderung und nicht ganz einfach. Doch es macht Spaß und die Fundstücke lassen sich, je nach Größe, als Deko oder Anhänger verwenden. Sie sind eine schöne Urlaubserinnerung.

EINE STRANDGUTSANDBURG BAUEN

Muscheln, Steine, Glas und Treibholz

Wann
Ganzjährig

Wo
Am Sandstrand

Ihr braucht
Strandgut

Besonderes Werkzeug
Schaufel
evtl. Eimer für Türme

Zeitbedarf
30–60 Minuten
oder mehr

Kein Tag am Meer ohne Sandburg

Das Anhäufen von feuchtem Strandsand, der Bau von Türmen, Mauern oder einem Burggraben: Dabei lässt es sich herrlich entspannen. Außerdem gibt es am Strand neben Sand noch reichlich andere Dinge, die ihr für eine Sandburg nutzen könnt. Wenn ihr darauf achtet, bekommt ihr einen Blick dafür, dass es viel mehr als Muscheln und Steine zu entdecken gibt.

Angespült

Wenn das Meer stark von den Gezeiten beeinflusst wird, wie zum Beispiel die Nordsee, spült es unermüdlich Strandgut ans Ufer. Das kann Treibholz sein, das oft ganz glatt geschliffen ist. Auch bunte Glasscherben, die der Sand stumpf gerieben hat, sind häufig zu finden. Leider befinden sich aber auch immer wieder Plastik- oder Metallteile im Strandgut.

Zierde für jede Burg

Mit all diesen Dingen könnt ihr eure Sandburg ergänzen. Glatt geschlieffene Glasscherben ergeben bunte Fenster, Treibholz eignet sich als Säule für die Zugbrücke über eurem Burggraben oder als Fahnenmast. Und mit Muscheln aller Art könnt ihr Wege und Innenhöfe pflastern oder Dächer und Wände verzieren. Auch Fundstücke wie Kronkorken oder Verschlüsse von Getränkedosen könnt ihr kreativ einsetzen.

Fast alles, was ihr am Strand findet, könnt ihr in eurer Strandburg verbauen, sogar eine rote Papiertüte als Fahne.

← **Palisadenzaun** Schwertmuscheln ergeben, hochkant in den Sand gesteckt, hervorragende Zäune.

Materialvielfalt Holzstöckchen werden zur Brücke. Der trockene Tang im Wassergraben symbolisiert Wasser. ↓

Nehmt alles, was Müll ist wie Plastikteile, Kronkorken etc. mit und entsorgt sie, wenn ihr eure Strandburg nach der Fertigstellung zurücklasst.

↑ **Botschaft** Gebt der Figur einen Gesichtsausdruck: Lacht sie oder ist sie eher nachdenklich? Mit einer Sprechblase samt Schriftzug spricht sie sogar eine Botschaft aus.

↑ **Baumaterial** Sammelt rechtzeitig Material wie Muscheln und Steine – für die Figur braucht ihr ganz schön viele.

↑ **Kontrast** Muscheln heben sich deutlich vom Untergrund ab. So ist die Figur gut zu sehen.

STRANDBOTSCHAFT

Ungewöhnliche Nachrichten

Wann
Ganzjährig

Wo
Am Sandstrand

Ihr braucht
Steine
Muscheln
Evtl. Strandgut
Holzstöckchen oder Ähnliches
Einen Beutel zum Sammeln von Muscheln etc.

Besonderes Werkzeug
Keines

Zeitbedarf
ca. 30 Minuten

Grüße hinterlassen

Am Ende eines Tages leert sich der Strand und irgendwann ist niemand mehr zu sehen. Um euch vom Meer und dem Strand zu verabschieden, könnt ihr eure ganz persönliche Strandbotschaft zurücklassen. Erinnert euch noch einmal daran, was ihr an diesem Tag alles erlebt habt und sendet einen kleinen Gruß an nachfolgende Strandbesucher.

Menschliche Schablone

Sucht euch eine möglichst glatte, einheitliche Stelle im Sand. Ein Mitglied eurer Gruppe legt sich auf den Boden. Je nach Laune kann er oder sie die Arme und Beine dabei beliebig positionieren. Vielleicht winkt ihr zum Abschied oder ihr platziert Arme und Beine so, als ob ihr einen Freudensprung machen würdet. Die anderen zeichnen mit einem Stöckchen den Umriss ihres „Modells" in den Sand.

Gestalten mit Strandgut

Wenn ihr fertig seid, helft ihr der liegenden Person vorsichtig auf die Füße, damit sie die Umrisslinien nicht zerstört. Nun legt ihr z. B. Muscheln entlang des Umrisses, sodass er ganz deutlich zu sehen ist. Dann könnt ihr das entstandene Bild noch gemeinsam ausgestalten – z. B. mit Mustern aus Steinen, Muscheln, Treibholz oder anderen Dingen, die ihr am Strand gefunden habt. Oder ihr ergänzt noch eine Sprechblase. Eurer Fantasie sind keine Grenzen gesetzt.

FOTOHALTER BASTELN

aus einem Strandstein

6

Wann
Ganzjährig

Wo
Am Strand und zuhause

Ihr braucht
Ausgedrucktes Foto
Biegsamer Draht, ca. 1 mm dick
Stein mit einer flachen Seite

Besonderes Werkzeug
Drahtschneider

Zeitbedarf
15 Minuten

Schnappschuss festhalten

An einem Strandtag entstehen meist viele schöne Schnappschüsse. Fotos helfen, sich später an diese Erlebnisse zu erinnern. Mit einem selbst gebastelten Fotohalter aus einem an diesem Tag am Meer gesammelten Stein könnt ihr eure Eindrücke buchstäblich noch einmal in den Händen halten.

Unterwegs am Strand

Sucht am Strand nach einem Stein, der euch gefällt. Wichtig ist, dass er eine flache Seite hat, sodass er auf glatten Oberflächen sicher liegt und nicht kippelt. Zudem sollte er schwer genug sein, um ein Foto zu halten.

Drahtspirale

Am besten verwendet ihr etwas stabileren Draht, ihr könnt aber auch Bindedraht für Blumen nehmen. Schneidet mit dem Drahtschneider vorsichtig ein Stück ab und rollt ein Ende zu einer flachen Spirale auf. In sie klemmt ihr später das Foto. Ist der Draht dünn, solltet ihr den Stiel verstärken, indem ihr den Stiel mit 2 weiteren Drahtstücken verflechtet. Dann wickelt ihr das freie Drahtende einmal oder mehrmals um den Stein. Verdreht den Draht fest, sodass er sich nicht von selbst löst. Richtet nun den Fotohalter so aus, dass die Spirale nach oben zeigt und klemmt euer Lieblingsfoto hinein.

↑ **Schön präsentiert** Biegt den Draht mit der Spirale so zurecht, dass das Foto schön zur Geltung kommt.

Mit Stiel Damit der Stiel stabil wird, könnt ihr 2 oder 3 weitere Drahtstücke mit in den Draht der Spirale verflechten. ↓

↑ **Auf Vorrat** Am besten bastelt ihr gleich mehrere Fotohalter. Sie sind nämlich ein prima Geschenk.

DIE ARTEN

entdecken

Specials

WAS IST DAS?

Der Kosmos-Farbcode teilt die Tiere und Pflanzen in diesem Buch in 7 Gruppen ein.

↓

Prüft zuerst, zu welcher dieser Gruppen ein Tier oder eine Pflanze gehört. Blättert dann weiter zu der Seite, ab der die Arten dieser Gruppe vorgestellt werden.

↓

Vergleicht euren Fund mit den Fotos im Buch. So findet ihr ganz schnell die richtige Art.

Hirschkühe sind für ihre Kälber unersetzlich. Stirbt die Mutter, wird das Kalb vom Rudel verstoßen. →

Rothirsch 001

Cervus elaphus

Merkmale 100–150 cm Schulterhöhe, bis 150 kg. Fell im Sommer rötlich braun, im Winter graubraun. Die Männchen tragen ein Geweih aus Knochen.
Lebensweise Rudel mit Rangordnung nach Geschlechtern getrennt, dämmerungs- und nachtaktiv. Wiederkäuer, frisst täglich fünf- bis achtmal, v. a. Gräser, Kräuter, Blätter und Baumrinde.
Vorkommen Wälder, ursprünglich offene Landschaften und Steppen.

TYPISCH Rothirsche sind die größten heimischen Waldbewohner und äußerst sozial. Jungtiere (Kälber) sind lange auf ihre Mutter angewiesen. Die Rudel bestehen aus Weibchen und treffen nur zur Paarungszeit auf Männchen, wenn deren Hirschrudel sich aufgelöst haben. Ältere Hirsche sind oft Einzelgänger. Das Geweih wird jährlich neu ausgebildet und dient vorrangig als Statussymbol. Geübte Beobachter können einen einzelnen Hirsch an seinem Geweih identifizieren und auch Erkrankungen erkennen. Die Anzahl der Enden verrät allerdings nicht das Alter eines Hirschs, sondern vor allem dessen Gesundheitszustand und Veranlagung.

Die Rudel können sehr groß werden und zählen je nach Lebensraum bis zu 100 Tiere. →

Damhirsch 002

Dama dama

Merkmale 85–110 cm Schulterhöhe, bis 120 kg. Körperbau zwischen Reh und Rothirsch, Fell im Sommer mit hellen Flecken, im Winter fast einfarbig.
Lebensweise Bildet weibliche und männliche Rudel, tag- und nachtaktiv. Wiederkäuer, frisst v. a. Gräser, Laub, Sträucher und Feldfrüchte.
Vorkommen Felder, lichte Wälder und Parks.

TYPISCH Rudelbildung und Sozialverhalten sind denen des Rothirschs sehr ähnlich. Damhirsche mögen weite Felder, auf denen sie grasen können. Das jährlich neu wachsende Geweih der Männchen wird mit der Zeit an den Enden plattenförmig („Schaufeln"). Wie beim Rothirsch wächst das erste Geweih im 2. Lebensjahr.

Von fast weiß über rötlich bis fast schwarz kommen beim Damhirsch alle Fellfarben vor.

Rehkitze müssen sich auch vor großen Greifvögeln wie z. B. dem Uhu in Acht nehmen.

Reh 003

Capreolus capreolus

Merkmale 60–75 cm Schulterhöhe, bis 30 kg. Fell im Sommer rötlich, im Winter graubraun mit weißem Fleck am Po („Spiegel“). Abfallender Rücken, stets aufmerksame Haltung.
Lebensweise Einzelgänger, bildet nur im Winter kleine Gruppen, tag- und nachtaktiv. Wiederkäuer, sehr wählerisch bei der Wahl des Futters. Frisst Knospen, Blätter, Gräser, Kräuter, Wald- und Feldfrüchte.
Vorkommen Felder, Wälder und Parks, auch Städte und Gebirge.

TYPISCH Rehe können ganz still verharren und sind dann kaum noch von ihrer Umgebung zu unterscheiden. Fressfeinde oder Menschen übersehen sie dann häufig. Böcke (Männchen) tragen ein Geweih aus Knochen, das jährlich neu gebildet wird. Die Mutter (Ricke oder Geiß) versteckt ihre meist 2 Kitze (Jungtiere) in den ersten Lebenstagen in hohem Wiesengras und besucht sie nur zum Säugen. Kitze haben in den ersten Wochen keinen Körpergeruch und werden deshalb kaum von Raubtieren entdeckt. Sie verlassen ihr Versteck nie allein und werden leider oft von Mähwerken getötet.

Neugeborene Frischlinge behalten ihre hellen Streifen rund 4 Monate. →

Wildschwein 004

Sus scrofa

Merkmale 60–115 cm Schulterhöhe, bis 175 kg. Fell sehr borstig, im Winter fast schwarz, im Sommer braunschwarz. Gedrungener Körperbau, kurzer Hals, Kopf mit langer Nase.
Lebensweise Gruppen („Rotten") nach Geschlechtern getrennt, ältere Keiler sind Einzelgänger. Dämmerungs- und nachtaktiv. Allesfresser: frisst Gräser, Kräuter, Feldfrüchte, Insekten, Eicheln, auch Abfälle und Aas.
Vorkommen Wälder, Feldlandschaften und Städte.

TYPISCH Die sehr intelligenten Wildschweine sind so anpassungsfähig, dass sie auch in Menschennähe leben. Rotten (Familiengruppen) aus Weibchen und Jungtieren sind oft Mütter mit Töchtern und bis ca. 1-jährigen Söhnen, angeführt von einer „Leitbache". Die Männchen (Keiler) verlassen mit ca. 1 Jahr die Rotte. Weibchen und Männchen tragen große, scharfe Eckzähne, die auch als Waffen dienen – die der Männchen sind deutlich größer. Sie haben einen prima Geruchssinn, hören sehr gut und sind trotz ihrer kräftigen Figur schnelle Läufer. Im 1. Lebensjahr heißen die bis zu 8 Jungtiere „Frischlinge".

❶ Alpensteinbock 005

Capra ibex

STECKBRIEF 100–150 cm Kopf-Rumpf-Länge, 45–100 kg • Fell graubraun • Muskulöser Körperbau • Gebogene Hörner, die lebenslang wachsen (Weibchen bis 30, Männchen bis 100 cm) • Lebt im Alpenraum auf 2500–3500 m Höhe in Gruppen • Frisst Kräuter, Gräser, Zweige, Flechten • Sieht sehr gut, hört und riecht gut • Hervorragender Kletterer.

❷ Gämse 006

Rupicapra rupicapra

STECKBRIEF 100–130 cm Kopf-Rumpf-Länge, 25–40 kg • Fell graubraun bis schwarz, Kopf hell mit schwarzer „Maske“ • Weibchen und Männchen tragen Gehörn („Krucken“), das lebenslang wächst (bis 25 cm) • Lebt im felsigen Hochgebirge bis in 2500 m Höhe • Frisst Gräser, Kräuter, Flechten, Zweige, Knospen • Herz-Kreislauf-System angepasst an Fortbewegung in der Höhe • Extrem guter Geruchssinn • Springt bis zu 2 m weit und 6 m hoch.

Begrüßungsgeste: die Nasen aneinander reiben. ⟶

Murmeltier 007

Marmota marmota

Merkmale 30–60 cm Körperlänge plus 10–25 cm Schwanzlänge, bis 8 kg. Fell graubraun. Die langen gelben Nagezähne wachsen ein Leben lang nach. Männchen und Weibchen sind kaum zu unterscheiden.
Lebensweise Familiäre Gruppen, männliche Anführer, tagaktiv. 6–7 Monate Winterschlaf in Erdbauen. Fressen Gräser und Kräuter.
Vorkommen Oberhalb der Waldgrenze auf Bergwiesen bis 2500 m.

TYPISCH Im Sommer kann man die Tiere gut beobachten. Ihr schriller Pfiff ist typisch und wird, je nach Rang, innerhalb der Gruppe unterschiedlich stark ernst genommen. Ab Oktober halten Murmeltiere im „Kessel" gemeinsam Winterschlaf.

Im Winterschlaf verlieren die Tiere bis zu 40 % Gewicht. Pro Minute schlägt das Herz dann nur 20 Mal und sie machen nur 2 Atemzüge.

Rotfuchs 008

Vulpes vulpes

Merkmale Bis zu 130 cm lang, inklusive Schwanz. Oberseits rotbraun, Unterseite weiß.
Lebensweise Meist Einzelgänger, dämmerungs- und nachtaktiv. Allesfresser, v. a. Mäuse, auch Kaninchen, Insekten, Eier und Früchte.
Vorkommen Wald, Felder, Wiesen und Städte.

TYPISCH Tagsüber ruht der Rotfuchs sich an einem ruhigen Ort aus, z. B. in seinem Bau. Dort ziehen Elternpaare auch ihre jährlich bis zu 6 Jungen auf. Mit Anbruch der Dämmerung geht der Fuchs auf die Suche nach Beutetieren. Der geschickte Jäger fängt bis zu 15 Mäuse am Tag. Selbst unter Gras oder Schnee kann er sie mit seinem hervorragenden Gehör sicher orten und sie sogar blind im charakteristischen „Maussprung" fangen. Die Verwandtschaft zu Haushunden verrät schon die Bezeichnung des Männchens: Es wird ebenfalls „Rüde" genannt. Das Weibchen bezeichnet man auch als „Fähe".

Dachs 009

Meles meles

Merkmale Bis zu 100 cm Körperlänge. Plump, silbrig-grau mit schwarz-weißem Kopf.
Lebensweise Gesellig in Familien, dämmerungs- und nachtaktiv. Ernährt sich gern pflanzlich, aber auch von Insekten, Eiern und Jungkaninchen. Hält Winterruhe.
Vorkommen Wälder und Felder.

TYPISCH Dachse leben in Bauen, die sie in die Erde graben. Familienverbände schaffen ein großes System aus Gängen und Höhlen – die sogenannte Dachsburg. Als alles fressender „Sammler" ernährt sich der Dachs von fast allem, was er findet. Dank seines Körperbaus ist er wie gemacht für die Suche kleiner Köstlichkeiten am Boden.

„Burgfrieden": Manchmal teilen sich Dachse, Füchse und Wildkaninchen friedlich einen Bau und bilden eine Wohngemeinschaft.

Heulen: dient als Kontakt- und Revierlaut. ⟶

Wolf 010

Canis lupus

Merkmale Bis zu 80 cm Schulterhöhe, bis 50 kg. Lange Beine, kräftiger Körper. Fell gelblich hell bis grau.
Lebensweise Streng territorial, familiäre Rudel mit Elternpaar an der Spitze, dämmerungs- und nachtaktiv. Frisst heimische Wildarten, Haustiere (v. a. Schafe und Ziegen) und Aas.
Vorkommen Große Waldgebiete, auch in der Nähe menschlicher Siedlungen.

TYPISCH Nach langer Zeit sind Wölfe wieder in Deutschland heimisch. Sie stehen unter Naturschutz und vermehren sich rasant. Wölfe sind intelligente Jäger. In freier Wildbahn fressen sie bei uns v. a. Rehe, Hirsche und Wildschweine. Sie verursachen aber zunehmend Schäden, weil sie auch Nutztiere wie z. B. Schafe angreifen. Durch ausdauerndes Hetzen in der Gruppe gelingt es Wölfen, erschöpfte Beutetiere zu überwältigen, die größer sind als sie selbst (sogar Elche). Wird ein Rudel zu groß für das Nahrungsangebot, wandern junge, rangniedrige Tiere in eigene Reviere ab und gründen neue Rudel.

Bärenjunge klettern gern in Bäumen. →

Braunbär 011

Ursus arctos

Merkmale Schulterhöhe bis 115 cm, bis 780 kg. Statur gedrungen, Fell dunkelbraun.
Lebensweise Einzelgänger auf durchschnittlich 100 km^2, dämmerungs- und nachtaktiv. Hält Winterruhe in Höhlen. Allesfresser: Beeren, Eicheln, Kräuter, Säugetiere bis Rothirschgröße, Fisch, Honig und Aas.
Vorkommen Große Wälder.

TYPISCH Als größtes Raubtier Europas kann der kompakte Braunbär bis zu 50 km/h schnell laufen und gut schwimmen. Die meist 2–3 Jungen werden während der Winterruhe geboren und von der Bärin allein aufgezogen. Menschen meidet der Braunbär möglichst.

Braunbären ernähren sich zu 75% vegetarisch und fressen besonders im Spätsommer viele Beeren.

Dank Wiederansiedlung und Zuwanderung gibt es heute bei uns wieder ein paar wenige Luchse. ⟶

Luchs 012

Lynx lynx

Merkmale 80–130 cm Körperlänge, 20–40 kg. Schlank, kurzer Schwanz. Fell im Sommer gelblich bis rötlich grau, im Winter dunkler mit deutlichen dunklen Flecken, Schwanzspitze immer schwarz.
Lebensweise Dämmerungs- und nachtaktiver Einzelgänger. Reiner Fleischfresser, v. a. Rehe, Vögel bis Hühnergröße, Hirschkälber, aber auch Haustiere (Schafe).
Vorkommen Große Waldgebiete.

TYPISCH Der Luchs ist bei uns der größte Vertreter der Katzen und streng geschützt. Er kann sich hervorragend an seine Beute anschleichen. Nach einem Jagderfolg wechselt er weiträumig das Gebiet, damit die Beutetiere nicht vorsichtig werden.

Luchse streifen je nach Nahrungsangebot durch riesige Gebiete: Weibchen bis zu 200 km^2, Männchen bis zu 450 km^2 umher.

Wildkatze 013

Felis sylvestris

Merkmale 50–80 cm, Schwanz ca. 30 cm, bis 8 kg. Kräftiger als Hauskatzen, Fell oberseits gelbgrau mit dunklen Streifen, am Bauch oft heller.
Lebensweise Extrem scheuer Einzelgänger, dämmerungs- und tagaktiv. Frisst v. a. Mäuse und andere kleine Nager, aber auch Rehkitze und bodenbrütende Vögel.
Vorkommen Dichte Wälder mit vielen Versteckmöglichkeiten, aber auch sonnige Hänge.

TYPISCH Wer die scheue Wildkatze in freier Natur beobachten darf, hat großes Glück. Nachdem sie durch Bejagung sehr selten geworden war, verbreitet sich die Art langsam wieder. In ihren Jagdpausen sonnt sich die Wildkatze gern. Ihr Schwanz hat eine Zeichnung aus 4-6 schwarzen Ringen, das Ende ist auffallend stumpf (bei Hauskatzen viel spitzer). Die Haut an der Nasenspitze einer Wildkatze ist immer rosafarben. Eine Verpaarung von Wild- und Hauskatzen ist möglich, und manchmal geben erst Gentests eine sichere Auskunft, ob es sich um eine Kreuzung handelt.

Hochsensible Barthaare nehmen feinste Bewegungen →
wahr und dienen der Orientierung im dunklen Wasser.

Seehund 014

Phoca vitulina

Merkmale 140–180 cm, 60–100 kg. Kopf rundlich mit kurzer Schnauze, Körper plump. Fell kurz, silbrig-grau mit dunklen Flecken.
Lebensweise Tagaktive Einzelgänger, die nur an Land in Gruppen leben. Allesfresser, v. a. Kleinkrebse, Schnecken, Fische, auch Muscheln.
Vorkommen Im Wasser an Küsten, auf Sandbänken, seltener auf Felsen und auf dem Eis.

TYPISCH Seehunde halten sich fast immer im Wasser auf, wo sie - anders als auf dem Land - sehr schnell sind. In Ausnahmefällen können sie bis zu 400 m tief und 30 Min. lang tauchen. Sie sind kurzsichtig, was unter Wasser hilfreich ist, und die großen Augen fangen auch die wenigen Lichtstrahlen unter Wasser ein. An Land können sie sich dagegen nur schlecht orientieren. Zum Sonnen liegen diese Meeresraubtiere im Schutz großer Gruppen auf Sandbänken. Jungtiere halten mit dem typischen „Heulen" Kontakt zur Mutter. Liegen „Heuler" allein am Strand, bedeutet das aber nicht gleich, dass sie verlassen sind, vielmehr warten sie meist auf ihre Mutter, die auf Nahrungssuche ist.

Jungtier im weißen Lanugo, dem „Erstlingsfell". ⟶

Kegelrobbe 015

Halichoerus grypus

Merkmale Bis 250 cm, 300 kg. Weibchen hell mit dunklen Flecken, Männchen dunkel mit hellen Flecken. Kopf kegelförmig. Torpedoförmiger Körper, an Land schwerfällig.
Lebensweise Tagaktiv, im Wasser einzelgängerisch, an Land in Gruppen. Erbeutet, was sich anbietet, v. a. Fisch, auch Krebse und Weichtiere.
Vorkommen Felsige Küstenstrände, Sandstrände.

TYPISCH Jungtiere kommen im Winter zur Welt und bleiben ein paar Wochen an Land, wo sie zunächst ihr Erstlingsfell („Lanugo") wechseln. Mit etwa 1 Monat haben sie ihr wassertaugliches Haarkleid und gehen ins Wasser. Ausgewachsene Kegelrobben sind Deutschlands größte Raubtiere und fangen täglich bis zu 7 kg Futter.

Wiedererkennungsmerkmal: Jede Kegelrobbe trägt auf dem Fell ihr persönliches, einzigartiges Fleckenmuster.

Ein typisches Merkmal ist die mittige, dreieckige Rückenflosse.

Schweinswal

Phocoena phocoena

Merkmale 160–180 cm, 40–90 kg. Weibchen größer als Männchen. Oberseits grau, Bauchseite hell, dunkler Streifen von den Mundwinkeln bis zu den Vorderflossen.
Lebensweise Einzelgänger oder in Paaren, recht scheu, tag- und nachtaktiv. Frisst v. a. Fische, aber auch Krebs- und Weichtiere.
Vorkommen Ruhige Buchten, Fjorde, Flussmündungen, generell in Küstennähe.

TYPISCH Schweinswale sind die einzige Walart der Ostsee. Sie sind kürzer und gedrungener als die mit ihnen verwandten Delfine. Mit den Zähnen fangen sie ihre Beute, z. B. bis zu 30 cm lange Fische. Sichtungen der seltenen Tiere sollte man melden (S. 334, Nützliche Adressen).

Ihr Echolot-System hilft den Tieren bei der Orientierung und der Jagd. Sie senden Ultraschall-Klicklaute aus, deren Echo Informationen über die Umgebung liefert.

Mithilfe der Tasthaare findet der Fischotter → auch in trüben Gewässern Nahrung.

Fischotter 016

Lutra lutra

Merkmale Bis zu 120 cm, inkl. 40 cm Schwanz, 7–12 kg. Körper schlank und wendig, Beine kurz. Fell oberseits dunkelbraun.
Lebensweise Einzelgänger in Revieren an Gewässern. Lebt in Erdhöhlen oder Verstecken im Uferbereich. Frisst am liebsten Fisch, aber auch Frösche, Vögel, Krebse und Weichtiere.
Vorkommen Saubere, fischreiche Flüsse, Bäche, Seen, Sümpfe und Meeresufer.

TYPISCH Mit Schwimmhäuten zwischen den Zehen und dem Schwanz als Steuer bewegt sich der Fischotter im Wasser elegant und schnell. Sein sehr dichtes Fell (bis zu 70 000 Haare/cm^2) schließt die Luft ein und wärmt wie ein Neoprenanzug. Brücken, die über ihre Gewässer führen, sind für Fischotter Hindernisse: Sie schwimmen nicht darunter hindurch, sondern gehen über die oben liegende Straße, wo sie häufig überfahren werden. Zu ihrem Schutz können horizontale Holzstege o. Ä. entlang von Durchlässen angebracht werden, auf denen die Tiere die Brücke sicher unterqueren können.

❶ Baummarder 017

Martes martes

STECKBRIEF 41–52 cm, 850–1900 g • Einzelgänger • Nachtaktiv, in Wäldern • Fell kastanienbraun • Gelber bis orangebrauner Halsfleck, der auch gegabelt sein kann • Nasenspitze dunkel • Ohren am Rand hell • Allesfresser, v. a. Mäuse, Vögel, Eier, Beeren, Insekten • Menschenscheu • Bewohnt Baumhöhlen • Klettert sehr gut, springt bis zu 4 m weit.

❷ Steinmarder 018

Martes foina

STECKBRIEF 37–52 cm, 700–2000 g • Fell graubraun, hellgelber bis weißer, gegabelter Halsfleck • Nasenspitze hell • Ohren kleiner als beim Baummarder und ohne hellen Rand • Einzelgänger, dämmerungs- und nachtaktiv • Allesfresser, v. a. Mäuse, Vögel, Eier, Obst • Bewohnt auch Dachböden und Scheunen • Klettert sehr gut • Kommuniziert mit Lauten, aber auch mit Duftmarken (Kot, Urin, Drüsensekrete) • Frisst auch an Gummiteilen von Autos.

Das kleine Mauswiesel wird leicht mit dem Hermelin verwechselt. →

Hermelin 019

Mustela erminea

Merkmale 17–30 cm Körperlänge plus bis zu 10 cm Schwanz, 230–300 g. Geschmeidiger Körper, langer Hals. Fell im Sommer braun, im Winter weiß, Schwanzspitze ganzjährig schwarz. Guter Schwimmer.
Lebensweise Einzelgänger, bewohnt Reviere, tag- und dämmerungsaktiv. Allesfresser, besonders abhängig von Mäusevorkommen (benötigt ca. zwei Mäuse pro Tag).
Vorkommen Lichte Wälder, Felder.

TYPISCH Das Hermelin bewohnt Holz- und Steinhaufen sowie Löcher in Mauern oder in der Erde. Hermeline sind sehr mutig und greifen auch Menschen an, wenn sie sich bedroht fühlen. Ihre Sinne sind sehr gut ausgebildet, kommuniziert wird vorrangig über Laute. In freier Wildbahn werden Männchen (Rüden) 1–2 Jahre alt, Weibchen (Fähen) mehr als 3 Jahre. Gibt es Nahrung im Überfluss, legen Hermeline Vorräte an. Das ähnliche **MAUSWIESEL** *(Mustela nivalis)* ist nur mausgroß, auch im Winter rotbräunlich gefärbt und hat keine schwarze Schwanzspitze.

Waschbär 020

Procyon lotor

Merkmale 40–70 cm lang, plus 20–30 cm Schwanz, 5–9 kg. Fell meist grau gestreift, selten fast schwarz. Typisch: buckliger Rücken.
Lebensweise Einzelgänger, lebt in Höhlen, auf Dachböden und in Scheunen. Dämmerungs- und nachtaktiv, hält Winterruhe. Allesfresser: gern Obst und Eier, auch Insekten, Fische und Jungtiere.
Vorkommen Wasserreiche Mischwälder, Gärten und Parks.

TYPISCH Die Kleinbären aus Nordamerika sind sehr anpassungsfähig. In den 1930er-Jahren wurden sie in Deutschland ausgewildert und entkamen außerdem aus Pelztierfarmen. Waschbären schwimmen und klettern gut. Ihre Vorderpfoten können sie fast wie Hände benutzen, und am Wasser sieht es aus, als würden sie ihre Nahrung „waschen". Sie können z. B. auch Mülltonnen öffnen und leben daher gern in der Nähe des Menschen. Im Wald bewohnen sie Baumhöhlen oder verlassene Dachs- und Fuchsbaue. Trotz Farbenblindheit sehen Waschbären gut, noch besser können sie hören und riechen.

Einwandernde Grauhörnchen setzen sich leicht gegen heimische Eichhörnchen durch.

Eichhörnchen 021

Sciurus vulgaris

Merkmale Körper und Schwanz je 25 cm, bis 400 g. Orangerot bis dunkelbraun, Bauch weiß.
Lebensweise Tagaktiver Einzelgänger. Frisst v. a. Nüsse, Baumsamen und Beeren, auch Knospen, Pilze, Jungvögel und Eier.
Vorkommen Mischwälder, Parks und Gärten.

TYPISCH Kugelnester aus Zweigen (Kobel) sind der Unterschlupf der flinken Kletterer. Sie nutzen auch verlassene Spechthöhlen und Nistkästen. Wenn Eichhörnchen ihre Winterruhe unterbrechen, suchen sie Verstecke mit Vorräten auf, die sie im Herbst angelegt haben. Nicht jedes Versteck finden sie wieder und tragen so zur Verbreitung von Baumsamen bei. **GRAUHÖRNCHEN** *(Sciurus carolinensis)* aus Nordamerika verdrängen die heimische Art bislang v. a. in Großbritannien, wohin sie Ende des 19. Jh. eingeschleppt wurden. Sie sind größer, bekommen mehr Jungtiere und haben weniger Feinde. Vor allem aber tragen sie ein Pockenvirus in sich, das ihnen selbst nicht schadet, unsere heimischen Eichhörnchen aber oft tödlich erkranken lässt.

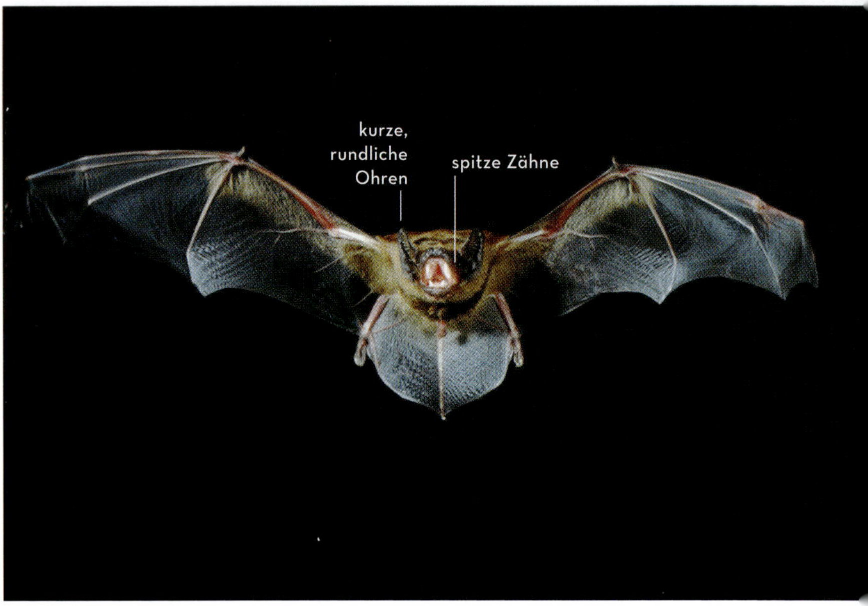

Großer Abendsegler 022

Nyctalus noctula

Merkmale 7–8 cm Kopf-Rumpf-Länge, bis 40 cm Spannweite, 40 g. Fell rostbraun, Flughäute dunkelbraun.
Lebensweise Dämmerungsaktiv, lebt gruppenweise in Höhlen, Männchen auch allein. Frisst v. a. Schmetterlinge, Käfer und Fliegen. Hält Winterschlaf.
Vorkommen Laubwälder mit alten Bäumen, seltener Parks und Siedlungen.

TYPISCH Eine unserer größten Fledermausarten, die an Gewässern, am Waldrand oder über Wiesen jagt. Sie bewohnt Baumhöhlen, Fels- und Mauerspalten. Weibchen bekommen 1–2 Junge pro Jahr, die nach 4 Wochen selbstständig sind.

Hungrig: Pro Nacht frisst eine Fledermaus mehrere tausend Insekten, die sie mit Ultraschallwellen ortet.

Platzmangel in ihren Quartieren macht Fledermäusen nichts aus.

Großes Mausohr

Myotis myotis

Merkmale 6–8 cm Kopf-Rumpf-Länge, 35–43 cm Spannweite, 20–40 g. Auf dem Rücken graubraun, am Bauch hell. Flughäute rötlich braun.
Lebensweise Nachtaktiv, lebt in Kolonien, Männchen bilden kleinere Kolonien als Weibchen oder leben allein. Fressen v. a. Laufkäfer, Nachtfalter, Heuschrecken und Spinnen. Hält einzeln oder gruppenweise Winterschlaf in Winterquartieren.
Vorkommen Wälder, Streuobstwiesen und Siedlungen mit Freiflächen zum Jagen.

TYPISCH Das Große Mausohr schläft tagsüber und jagt erst bei völliger Dunkelheit in 0,5–3 m Flughöhe. Die Art kann aber auch gut laufen und klettern. Daher sammelt sie ihre Beute teilweise direkt vom Erdboden auf. Weibchen leben in Kolonien aus Hunderten bis zu 2000 Tieren in großen Quartieren wie Dachstühlen und Scheunen. Männchen suchen sich kleinere Spalten, Fels- und Baumhöhlen. Zwischen Sommer- und Winterquartieren können bis zu 200 km liegen.

❶ Waldmaus

Apodermus sylvaticus

STECKBRIEF 8–11 cm plus 7–11 cm Schwanz, 15–30 g • Oberseite hell- bis graubraun, Bauch weiß, Augen und Ohren groß • Dämmerungs- und nachtaktiver Einzelgänger in Gärten, Parks, Häusern und an Waldrändern • Frisst Samen, Nüsse, Früchte, legt Vorräte an • Ca. 1 Jahr Lebenserwartung • Haut am behaarten Schwanz zur Flucht abstreifbar • Bis 80 cm weite Sprünge.

❷ Hausmaus

Mus musculus

STECKBRIEF 6–9 cm plus 6–8 cm Schwanz, 15–25 g • Oberseite graubraun, Bauch hell, Schwanz nackt • Augen und Ohren groß, aber kleiner als bei Waldmäusen • Dämmerungs- und nachtaktiv, lebt im Familienverband • Lebt in Spalten, Nischen und flachen Bauen an und in Gebäuden • Frisst Samen, Kräuter, Insekten und legt Vorräte an • Lebenserwartung im Freiland 4–20 Monate, in Gebäuden bis 4 Jahre • Läuft schnell, klettert und springt gut.

❸ Feldmaus 023

Microtus arvalis

STECKBRIEF 7–10 cm plus 2,5–4 cm Schwanz, 14–37 g • Oberseite braun, Bauch hell • Bewohnt Erdbaue, tag- und dämmerungsaktiv • Nur offene Lebensräume (Felder, Wiesen, Gärten, Parks), meidet nasse Gebiete • Frisst v. a. Löwenzahn und Klee, im Winter Wurzeln, Samen, Baumrinde • Lebenserwartung 9 Monate • Läuft und hüpft schnell, springt und klettert schlecht.

❹ Rötelmaus

Myodes glareolus

STECKBRIEF 7–13 cm plus 4–7 cm Schwanz, 15–49 g • Auch Waldwühlmaus genannt • Oberseite braunrötlich, Bauch hell, Schwanz oben dunkler, Körper rundlich-gedrungen • Ganzjährig meist dämmerungsaktiv in feuchtnassen Wäldern mit vielen Sträuchern • Nahrung vielseitig, u. a. Gräser, Kräuter, Samen, Insekten • Nester über- und unterirdisch • Nagt gern an Baumwurzeln • Lebenserwartung fast 2 Jahre • Klettert gut und bis 5 m hoch.

Schneehasen sind kleiner und kompakter als Feldhasen. →

Feldhase

Lepus europaeus

Merkmale 50–70 cm Kopf-Rumpf-Länge, bis 5,5 kg. Fell oberseits braungelb, im Winter heller, Bauch weiß. Sehr lange Ohren (10–14 cm) und Hinterbeine.
Lebensweise Einzelgänger, der in einer Erdmulde (Sasse) ohne Dach Unterschlupf sucht. Sein Revier bewohnt der Feldhase lebenslang. Er frisst Pflanzen, v. a. Gras, Klee, Kräuter, im Winter Samen, Baumtriebe und Rinde.
Vorkommen Offenes Land mit weitem Blick, auch in Waldnähe.

TYPISCH Ein Feldhase kann bis zu 2 m hoch und 3 m weit springen. Sein Fell tarnt ihn in der Sasse perfekt, sodass Feinde ihn kaum bemerken. Bei Gefahr flieht er blitzschnell (bis zu 80 km/h). Bewegungen sehen die Nager besser als stillstehende Objekte. Besonders Junghasen vertragen kein feucht-kaltes Wetter. Der **SCHNEEHASE** *(Lepus timidus)* lebt in nördlichen Ländern und in Gebirgen. Er hat im Gegensatz zum Feldhasen ein weißes Winterfell und überwintert auch in Schneehöhlen.

Wildkaninchen

Oryctolagus cuniculus

Merkmale 35–45 cm Kopf-Rumpf-Länge, bis 2,2 kg. Fell grau- bis schwarzbraun, Bauchseite deutlich heller. Lange Ohren (mit 6–8 cm viel kürzer als beim Feldhasen), rundliche Gestalt. **Lebensweise** Leben in Großfamilien, bewohnen Erdbaue. Tag- und dämmerungsaktiver Kulturfolger. Frisst gern Gräser, Kräuter und Knospen. **Vorkommen** Gebiete mit sandigen Böden, z. B. Heidelandschaften, Waldränder, Parks und Friedhöfe.

TYPISCH Wildkaninchen vermehren sich schnell, haben aber auch viele Feinde (u. a. Greifvögel, Füchse). Artgenossen warnen sich bei Gefahr gegenseitig mit lauten Pfiffen.

Natürliche Grenze: Werden Kolonien sehr groß, brechen häufig Krankheiten aus, wodurch die Zahl der Tiere wieder sinkt.

Biber 024

Castor fiber

Merkmale Bis zu 135 cm, inklusive Schwanz, 20–30 kg. Fell braun und sehr dicht. Schwanz unbehaart und platt, spitzer Kopf, plumper Körper.
Lebensweise Dämmerungs- und nachtaktiv, Familienverbände bewohnen im eigenen Revier mehrere Baue. Pflanzenfresser, v. a. weiche Gehölze.
Vorkommen Stehende und langsam fließende Gewässer mit Bäumen am Ufer.

TYPISCH Biber sind die größten europäischen Nagetiere. Die orange-gelben Zähne eines Bibers wachsen lebenslang und sind besonders hart und scharf. Mit ihnen kann er leicht Bäume annagen und fällen, um deren Blätter und Knospen zu fressen oder gezielt Wasser anzustauen. Seinen Lebensraum gestaltet er sich so problemlos nach seinen Bedürfnissen. Paare bleiben lebenslang zusammen und ziehen in Erdbauen am Ufer oder in „Biberburgen" im Wasser pro Jahr bis zu 4 Jungtiere groß. Biber hören und riechen sehr gut, sind aber kurzsichtig. Sie können bis zu 15 Min. lang tauchen.

❶ Bisam 025

Ondatra zibethicus

STECKBRIEF 35 cm plus 20–25 cm Schwanz, bis 2 kg • Fell dicht, glänzend rotbraun, Bauch heller • Schwanz abgeflacht, beschuppt • Dämmerungs- und nachtaktiv an Flüssen und Seen • Frisst v. a. Gras, Kräuter, Schilf • Paare von März bis September in Revieren • Guter Schwimmer, an Land unbeholfen • Ursprung Nordamerika.

❷ Nutria

Myocastor coypus

STECKBRIEF 65 cm plus 45 cm Schwanz, bis 8 kg • Fell graubraun, Mund-Nasenbereich und Tasthaare weiß, ähnelt Meerschweinchen • Paare oder Kolonien v. a. dämmerungsaktiv • Bevorzugt stehende Gewässer mit Uferböschung für Erdbaue zur Jungenaufzucht • Frisst v. a. Wasserpflanzen, auch Wurzeln und Muscheln • Qietschlaut bei Gefahr • Stammt aus Südamerika • Kann Uferzonen großflächig abfressen und heimische Arten zurückdrängen.

Europäischer Maulwurf

Talpa europaea

Merkmale 10–14 cm Kopf-Rumpf-Länge plus 2–3,5 cm Schwanz, 45–120 g (Männchen meist über 100 g). Sehr dichtes, silbrig-schwarzes Fell, Bauchseite heller. Körper walzenförmig, kurze Beine, winzige Augen, mächtige Vorderpfoten mit großen Krallen.
Lebensweise Einzelgänger ohne Tag-Nacht-Rhythmus, der in Gangsystemen unter der Erde lebt. Seine Nahrung ist rein tierisch und besteht v. a. aus Regenwürmern, Insektenlarven und Schnecken. Im Winter nutzt er auch Vorratskammern.
Vorkommen Laub- und Mischwälder, Wiesen, Gärten und Parks mit geeigneten Böden zum Graben.

TYPISCH „Maulwurfshügel" aus Aushubmaterial kennzeichnen die Öffnungen der Gänge. Der Tastsinn des Maulwurfs ist für die Orientierung unter der Erde besonders gut entwickelt, während die Augen nur Hell und Dunkel unterscheiden. Maulwürfe sind geschützte Nützlinge: Sie kennzeichnen einen guten Boden, sorgen für seine gute Belüftung und fressen Gartenschädlinge.

Igel 026

Erinaceus europaeus

Merkmale Bis 30 cm lang, 450–1500 g. Rund 8000 hell-dunkel gebänderte Stacheln auf dem Rücken, braunes Fell an der Unterseite und im Gesicht. Körperform gedrungen.
Lebensweise Meist nachtaktiver Einzelgänger mit festem Revier. Frisst Würmer und Schnecken, aber auch Insekten, Vogeleier und selten Fallobst. Hält Winterschlaf.
Vorkommen Laubwaldränder, Feldgehölze, Hecken, Gärten und Parks mit vielen Versteckmöglichkeiten.

TYPISCH Die Stacheln sind verhornte Haare und innen hohl. Sie schützen den Igel vor Feinden, wenn er sich zu einer Kugel einrollt.

Geräuschvoll: Oft hört man von weitem, wenn Igel Schneckenhäuschen und Insekten knacken, laut schmatzen und im Laub stapfen.

Stockente 027

Anas platyrhynchos

Merkmale Länge bis 60 cm, bis 1,2 kg. Weibchen (Ente) graubraun, Männchen (Erpel) zur Paarungszeit grüner Kopf, brauner Hals, hellgrauer Rumpf.
Stimme Ente quakt typisch „wääähk“ oder „wak“. Erpel gedämpftes „rääb“ und zur Balz kurze Pfiffe.
Nahrung Pflanzen am und im Wasser, Samen, Beeren, auch Frösche, Schnecken und kleine Fische.
Vorkommen Ganzjährig auf und an Gewässern aller Art.

TYPISCH Aus den geselligen Gruppen bilden sich ab der Paarungszeit im Herbst Paare, die bis zum Brutbeginn im Frühling zusammenbleiben. Die bis zu 12 Küken schlüpfen in einem versteckten Nest am Boden und können sofort schwimmen. Die Mutter kümmert sich allein um sie. Sie führt ihren Nachwuchs für etwa 2 Monate an Nahrung und das Leben auf dem Wasser heran. Bei Nistplatzmangel sind Mischgelege möglich. Dann brütet z. B. eine Stockente auch einzelne Eier anderer Arten aus, die in ihr Nest gelegt worden sind.

❶ Nonnengans 028

Branta leucopsis

STECKBRIEF Länge 70 cm, bis 2,2 kg • Weißer Kopf und schwarzer Hals erinnern an Gewand katholischer Nonnen • Dunkler Rücken, weiße Unterseite, dunkle Beine • Viel kleiner als die Kanadagans • Zugvogel, Wintergast am Wattenmeer • Im Sommer nördlicher in Feucht- und Sumpfgebieten • Frisst Gräser und Saaten • Brütet einmal jährlich am Boden bis zu 6 Eier aus. aus.

❷ Kanadagans 029

Branta canadensis

STECKBRIEF Länge 110 cm, bis 6,2 kg • Schnabel, Kopf und Hals schwarz, Wangen weiß • Rücken braungrau, Unterseite hell, Beine schwarz • An Seen, Flüssen, Teichen, auch in Parks • Wintergast aus Skandinavien, in strengen Wintern Weiterreise nach Süden • Paare sind oft lebenslang zusammen und ziehen einmal im Jahr bis zu 6 Küken auf, die gleich nach dem Schlüpfen schwimmen und v. a. Wasserpflanzen fressen. Mit 2 Monaten können sie fliegen.

Das Fliegen in V-Formation spart Energie, wenn die Tiere ins Winter- oder Sommerquartier ziehen. →

Graugans 030

Anser anser

Merkmale Länge 85 cm, bis 4 kg, Spannweite 150–165 cm. Körper kräftig, Schnabel und Beine rosa- bis orangefarben. Oberseite graubraun mit dunklen Abzeichen. Kopf, Brust und Unterseite heller.
Stimme U. a. schriller Warnlaut und Schnattern („ga-gang-gang").
Nahrung Gräser, Sämereien, Pflanzen am und im Wasser.
Vorkommen Gewässer, Felder, Parks und Grünflächen.

TYPISCH Die Graugans ist unsere größte heimische Wildgans und Urform der Hausgans. Sie ist gesellig und wachsam. Paare sind oft lebenslang zusammen und ziehen einmal jährlich Küken auf.

Gefahr aus der Tiefe: Die bis zu 10 Küken können sofort schwimmen, müssen sie sich aber vor Raubfischen in Acht nehmen.

❶ Höckerschwan 031

Cygnus olor

STECKBRIEF Länge 140–160 cm, bis 13 kg, Spannweite 2,4 m • Weißes Gefieder (Jungtiere grau), orangefarbener Schnabel, schwarzer Stirnhöcker • Langer Hals, s-förmig, im Flug gestreckt • An langsam fließenden und stehenden Gewässern • Braucht zum Fliegen „Start-/Landebahn“ • Frisst Gras, Schnecken, Wasserpflanzen, Muscheln • Paare bleiben lebenslang zusammen.

❷ Weißstorch 032

Ciconia ciconia

STECKBRIEF Länge bis 100 cm, Spannweite bis 2 m • Beine lang und rot, Schnabel spitz und rot, Gefieder weiß, nur an den Flügeln schwarze Bereiche • Lebt in offenen Landschaften und Überschwemmungsgebieten mit Wiesen und Weiden • Baut große Nester („Horste“) auf Bäumen und Gebäuden • Schnabelklappern als Begrüßung der Partner und zum Abschrecken von Feinden • Frisst v. a. Frösche, Mäuse, Insekten • Überwintert in Afrika.

Im Flug sieht man einen weißen Streifen auf den Flügeln. →

Austernfischer 033

Haematopus ostralegus

Merkmale Länge 44 cm, Spannweite 84 cm, Schnabel 6,5–9 cm. Kopf, Hals und Flügeloberseiten schwarz, sonst weiß. Augen, Beine und Schnabel leuchtend rot. Kompakter Körper auf langen Beinen.
Stimme Singt gern. Schrilles „biik" oder „k'biik", im Flug „kiwiep". Zur Balz trillernd.
Nahrung Würmer, Krebse, Muscheln und Insekten.
Vorkommen Offene Flächen an Küsten und Feuchtwiesen.

TYPISCH Am Boden brütet das Weibchen meist 3 Eier in einer Mulde aus. Im Winter kommt es zu großen Ansammlungen von Austernfischern im Wattenmeer. Anders als der Namen vermuten lässt, frisst der Vogel keine Austern.

Mit dem Schnabel stochert der Austernfischer im Schlick nach Nahrung. Er kann mit ihm sogar Muscheln und Krebspanzer öffnen.

1 Lachmöwe 034

Chroicocephalus ridibundus

STECKBRIEF Länge 39 cm, Spannweite 99 cm • Kopf dunkelbraun, Schwanzspitze schwarz, Flügel hellgrau, sonst weiß • Schnabel und Beine dunkelrot • Ruf schreiend in vielen Variationen, u. a. scharfes „kik" oder „kikikik" • Oft in großen Kolonien auf gepflügten Feldern, an der Küste und vielfältigen Gewässern • Frisst vieles, v. a. Würmer, Fische und Insekten.

2 Silbermöwe 035

Larus argentatus

STECKBRIEF Länge 60 cm, Spannweite 148 cm • Weiß mit grauem Rücken und schwarzen Flügelspitzen • Schnabel gelb mit rotem Punkt, Beine rosa • Stimme vielseitig, u. a. krächzend, miauend, bellend • Lebt in Gruppen, brütet in Kolonien • Lebt ganzjährig an der Wattenmeerküste • Frisst v. a. Muscheln, Krebse, Weichtiere und gern Fische (folgt Fischkuttern) • Ist wenig scheu, stiehlt sogar Menschen das Essen direkt aus der Hand.

❶ Stadttaube · Haustaube 036

Columba livia f. domestica

STECKBRIEF Länge 29–35 cm • Füße rötlich rosa, Gefieder vielfältig, hell bis sehr dunkel, auch gescheckt, oft wie Ringeltaube ohne weißen Halsfleck • Gruppen bewohnen Städte und Dörfer, mehrere Bruten jährlich • Frisst v. a. Samen, Früchte, Brot • Stimme typisch gurrend • Stammt von der Felsentaube (*C. livia*) ab • Wenig scheu • Früher als Brieftaube gehalten.

❷ Ringeltaube 037

Columba palumbus

STECKBRIEF Länge 38–43 cm • Gefieder gräulich, grüner und weißer Halsfleck, weißes Band auf dem Flügel, Schwanz- und Flügelspitze schwarz • Auge und Schnabel gelb (beim Jungtier gräulich) • Gestalt länger als bei Stadttauben • Stimme rhythmisch gurrend „GUH-guh-gugu-guh" • Lebt in Gruppen in Wäldern, Parks und Gärten • Frisst Samen, Getreide, Pflanzen • Paare brüten mehrfach im Jahr in sehr einfachen Nestern aus Ästchen.

❸ Rebhuhn 038

Perdix perdix

STECKBRIEF Länge 28–32 cm • Oberseite graubraun gemustert, Gesicht orangebraun, Brust gräulich hell, Männchen brauner Bauchfleck und insgesamt bunter • Körper kompakt, rund • Kleine Gruppen auf Feldern und Wiesen, die bei Gefahr nur kurz auffliegen und schnell wieder landen • Ruft in der Dämmerung oft „kierr-IK“ • Frisst v. a. Pflanzen, Samen, Insekten.

❹ Jagdfasan 039

Phasianus colchicus

STECKBRIEF Länge 53–89 cm, inklusive 35–45 cm Schwanz • Männchen bräunlich rot mit schwarzen und hellen Flecken, Kopf blaugrün, weißer Ring am Hals, rote Hautlappen um die Augen • Weibchen unauffällig beige mit schwarzem Muster • Art wurde bei uns ausgesetzt • Lebt in in und an Feldern mit Hecken und Gehölzen • Frisst v. a. Samen, Beeren, Blätter, Triebe • Hähne haben im Frühjahr Reviere, Hennen ziehen Küken allein auf.

Uhu 040

Bubo bubo

Merkmale Länge 59–73 cm, Spannweite bis 1,7 m. Gefieder braun mit hellen und dunklen Tüpfeln, Schnabel dunkel, große Augen orangerot. Kompakter Körperbau, auffallende Federbüschel am Kopf („Federohren").
Stimme Während der Brutzeit dumpfes „u-uuooh" von Männchen und Weibchen.
Nahrung Mäuse, Igel, Kaninchen, Vögel bis Taubengröße.
Vorkommen Wälder und Gebirge, selten in Siedlungsnähe.

TYPISCH Der Uhu ist die größte Eule Europas. Er lebt einzelgängerisch und ist nacht- und dämmerungsaktiv. Er kann lautlos fliegen. Tagsüber ruht er in Bäumen oder Felsspalten.

Uhus können recht alt werden: 25 Jahre in freier Wildbahn und über 50 Jahre in Gefangenschaft.

Der „Schleier“ fängt Schall ein, leitet ihn zu den Ohren und hilft der Eule, ihre Beute zu hören. →

Schleiereule 041

Tyto alba

Merkmale Länge 33–39 cm, Spannweite bis 95 cm. Samtiges Gefieder auf dem Rücken grau und ockerfarben, unterseits weiß. Körper schlank, lange Flügel und Beine. Dunkle Augen, heller Schnabel. Männchen oft heller. Weibchen größer als Männchen.
Stimme Schnurrender, langer Schrei (meist Weibchen), im Flug oder als Warnruf Fauchen oder schrilles Quietschen. Zur Balz langes, gurgelndes „schrrriiii“.
Nahrung Vor allem Mäuse, auch Frösche, kleine Vögel und Insekten.
Vorkommen Nachtaktiver Kulturfolger, der gern in ländlichen Gebieten in Scheunen, Kirchtürmen und auf Dachböden brütet und auf Freiflächen jagt.

TYPISCH Die Schleiereule fliegt elegant und langsam, auf der Jagd ist sie jedoch schneller. Sie kann sich in der Luft auf einer Stelle halten („rütteln“), oft hängen dann die Beine herab. Künstliche Nistkästen nimmt sie gern an. Die Anzahl der Bruten (1–2 pro Jahr) hängt vom Mäusevorkommen ab. Die 4–10 weißen Eier liegen ohne Nest auf glattem Untergrund.

SILHOUETTEN AM HIMMEL

↓ **Rabenkrähe** *(Corvus corone)*: Flügel lang, gerade, mit langen Fingern. Der Schwanz endet gerade und bildet gespreizt einen runden Fächer.

↓ **Kolkrabe** *(Corvus corax)*: Deutlich größer als Rabenkrähe. Schwanz keilförmig zugespitzt, Schnabel auffällig groß. Lebenslange Partnertreue.

↑ **Steinadler** *(Aquila chrysaetos)*: Flügel breit, fast rechteckig, lange „Finger". Lebt in den Hochalpen und kann bis zu 12 kg Beute tragen (bis 6,5 kg Eigengewicht).

↑ **Habicht** *(Accipiter gentilis)*: Flügel kurz und abgerundet, Schwanz lang, gerade endend. Dadurch äußerst wendig und schnell im Flug.

↓ **Sperber** *(Accipiter nisus)*: Schwanz lang (Steuerruder). Vogel nur etwa taubengroß. Männchen rötliche Brust, Weibchen wie Habicht.

↓ **Mäusebussard** *(Buteo buteo)*: Flügel breit, abgerundet, Schwanz breit gefächert. Körper verhältnismäßig klein. Vielfältige Gefiederfarben möglich.

↑ **Rotmilan** *(Milvus milvus)*: Ähnlich wie Mäusebussard, aber tief gegabelter Schwanz. Ca. 50% des Weltbestandes lebt in Deutschland.

↑ **Turmfalke** *(Falco tinnunculus)*: Flügel sichelartig, spitz, Schwanz schmal, relativ lang, endet mit deutlicher Binde. Typischer Rüttelflug bei der Jagd.

Männchen trommeln etwas länger als Weibchen, um Reviere zu markieren oder Partner zu finden. →

Buntspecht 042

Dendrocopus major

Merkmale Länge 23–26 cm, bis 44 cm Spannweite. Schwarz-weißes Gefieder mit roter Schwanzunterseite. Männchen mit rotem Fleck am Hinterkopf, Weibchen ohne.
Stimme Ruf wiederholend kurz „kick“.
Nahrung Insekten, Samen von Nadelbäumen, auch Vogeleier.
Vorkommen Wälder, offene Landschaften mit Baumgruppen, auch Parks und große Gärten mit alten Bäumen.

TYPISCH Buntspechte meißeln mit ihrem spitzen Schnabel Höhlen in tote Bäume oder abgestorbene Äste. So entstehen Lebensräume für Höhlen bewohnende Arten (z. B. Fledermäuse und Eichhörnchen).

Spechtschmiede: Spechte klemmen Kiefern- oder Fichtenzapfen und Nüsse in Spalten und öffnen sie mit ihrem Schnabel.

Mit seiner langen Zunge ertastet der Grünspecht Ameisen in ihren Gängen und sammelt sie ein. →

Grünspecht 043

Picus viridis

Merkmale Länge 30–36 cm, bis 51 cm Spannweite. Rücken und Flügel moosgrün, Schwanz gelbgrün, Unterseite graugrün, Kopf rot, Augenumgebung schwarz. Männchen haben einen roten Fleck im schwarzen „Bart“, Weibchen nicht. Schnabel gräulich, lang und spitz.
Stimme Im Flug häufig lauter Ruf: „kjükjüKJÜCK“. Gesang klingt wie ein Lachen: „klü-klü-klü“ (10–18 Wiederholungen).
Nahrung Fast nur Ameisen, selten andere Insekten, Regenwürmer oder Früchte.
Vorkommen Lichte Laub- und Mischwälder oder Parks mit alten Bäumen.

TYPISCH Der Grünspecht ist auf Ameisen spezialisiert und sucht häufig am Waldboden nach ihnen. Sehr markant ist sein Flugbild: Dabei wippt er wellenartig auf und ab. Zur Reviermarkierung ruft er eher, als dass er an Baumstämmen trommelt. Seine Bruthöhle meißelt der Vogel selbst in morsches Holz alter oder toter Bäume. Ein Grünspecht-Paar bebrütet in seiner Höhle einmal pro Jahr 5–8 Eier.

Die große Haube der Haubenlerche 045 ist auch →
zu sehen, wenn sie nicht aufgestellt ist.

Feldlerche 044

Aluda arvensis

Merkmale: Länge 16–18 cm. Oberseite graubraun gestrichelt, Brust gelblich weiß gestrichelt, Bauch reinweiß. Weiße Kanten am dunklen Schwanz. Kann Federn auf dem Kopf zu einer kleinen Haube aufstellen.
Stimme: Rollendes „prriit" als Ruf. Gesang noch melodischer. Manchmal werden andere Vogelarten imitiert.
Nahrung Insekten, Samen, Gräser und Kräuter.
Vorkommen Äcker, Wiesen und Heiden, dort gern auf Wegen und an Wegrändern.

TYPISCH Die Feldlerche duckt sich lange und flattert bei Störungen erst spät vom Boden auf. Nach kurzem Flug landet sie wieder. Häufig singt sie im Flug, bei dem sie bis auf 150 m aufsteigt und sich dann wieder herabfallen lässt. Im Winter kommen große Trupps auf Stoppelfeldern vor, teilweise zieht die Art nach Süden. Die **HAUBENLERCHE** *(Galerida christata)* ähnelt der Feldlerche sehr, sie ist aber etwas schlichter gefärbt, kompakter gebaut und hat eine deutlich längere, spitze Haube. Sie ist sehr selten geworden.

1 Star 046

Stumus vulgaris

STECKBRIEF Länge 19–22 cm • Schwarz mit weißen Flecken, grün-violett glänzend, Schnabel spitz und gelb, Schwanz kurz • Schreitet über Grünflächen (die Amsel hüpft) • Zahlreiche Laute, imitiert viel • Lebt in Gärten, Parks und Wäldern • Frisst v. a. Würmer und Insekten • Höhlenbrüter • Riesige Schwärme ziehen ab Spätsommer nach Südeuropa oder weiter.

2 Rauchschwalbe 047

Hirundo rustica

STECKBRIEF Länge 21 cm • Oberseite schwarzblau, Unterseite weiß bis beige, Gesicht braunrot • Flügel lang und spitz, Schwanz tief gegabelt, Schnabel kurz, Kopf rund • Muntere „witt"-Rufe, bei Gefahr „flitt-flitt", plaudert und zwitschert in Gesellschaft • Flug elegant und wendig • Fängt bodennah Insekten, v. a. Fliegen und Mücken • Schalenförmige Nester aus Schlamm an und in (Stall-)Gebäuden • Überwintert in Afrika.

Bei der Singdrossel 049 sind beide Geschlechter ⟶ viel ähnlicher gefärbt als bei der Amsel.

Amsel 048

Turdus merula

Merkmale Länge 23–29 cm. Männchen rein schwarz mit gelbem Schnabel und Augenring, Weibchen dunkelbraun mit hellerer Kehle. Der lange Schwanz wird häufig aufgestellt.
Stimme Vielfältig. Melodisches, einsames Flöten des Männchens zur Dämmerung (Revierabgrenzung). Tiefer Warnruf: „pok".
Nahrung Regenwürmer, Insekten, Beeren.
Vorkommen Wälder, Parks und Gärten. Verbreitet und anpassungsfähig.

TYPISCH Amseln hüpfen schwungvoll über den Boden und suchen laut raschelnd nach Nahrung. Die wenig scheuen Einzelgänger bilden zur Brutzeit Paare. Nester bauen die auch „Schwarzdrosseln" genannten Vögel an sehr unterschiedlichen Orten. Dort hinein legt das Weibchen bis zu 6 türkisblaue Eier. Die etwas kleinere **SINGDROSSEL** *(Turdus philomelos)* ähnelt dem Amselweibchen, ist aber heller gefärbt und besonders am Bauch dunkel gemustert. Ihre Leibspeise sind Gehäuseschnecken, deren Häuser sie auf Steinen in sogenannten Drosselschmieden knackt.

Kuckuck 050

Cuculus canorus

Merkmale Länge 32–36 cm. Oberseits graublau, unterseits schwarz-weiß gebändert. Weibchen mit Gelbstich oder rotbraun.
Stimme Das Männchen ruft zur Paarungszeit: „ku-kuck". Beide Geschlechter machen trillernde, kichernde Laute.
Nahrung Insekten, Spinnen und Würmer.
Vorkommen Wälder und halboffene Landschaften.

TYPISCH Der Kuckuck überwintert in Afrika. Erst ab April ertönt bei uns wieder sein typischer Ruf. Das Weibchen legt bis zu 25 Eier einzeln in fremde Nester und lässt die Küken von Wirtseltern aufziehen. Andere Küken wirft der junge Kuckuck aus dem Nest. Der Größenunterschied zum oft riesigen „Kuckuckskind" stört Wirtseltern nicht.

Einem Aberglauben zufolge hat man das ganze Jahr Geld, wenn man beim ersten Kuckucksruf im Frühling mit Münzen klimpert.

Blaumeisen 052 haben weniger Schwarz im Gefieder als Kohlmeisen und eine blaue Kappe. →

Kohlmeise 051

Parus major

Merkmale Länge 13,5–15 cm, ca. 20 g. Kopf schwarz-weiß, oberseits dunkelgrau, Flügel mit weißem Streifen. Dunkler Streifen am Bauch, der beim Männchen breiter ist als beim Weibchen.
Stimme Vielseitig, häufig „ping-ping", im Frühling markantes „TI-ta TI-ta TI-ta …" oder „zi zi-TÄ zi zi-TÄ zi zi-TÄ …". Kann gut imitieren.
Nahrung Insekten, Raupen, Würmer, Samen, Nüsse.
Vorkommen Wälder, Parks und Gärten.

TYPISCH Europas größte Meisenart ist im Hausgarten ein Stammgast an Futterstellen. Kohlmeisen sind Höhlenbrüter und nutzen gern Nistkästen, da es kaum noch geeignete Baumhöhlen gibt. Meist schlüpfen einmal pro Jahr aus 8–12 Eiern Küken. Die **BLAUMEISE** (*Cyanistes caeruleus)* ist nur 10,5–12 cm groß. Nahrung und Lebensraum sind sehr ähnlich wie bei der Kohlmeise. Oft sieht man Blaumeisen aufgebracht durch Gehölze huschen und kopfüber an Zweigen hängen. Die quirligen Tiere beginnen manchmal auch kleine Streitereien mit anderen Vögeln.

Nachtigall 053

Luscinia megarhynchos

Merkmale Länge 15–16,5 cm. Größe zwischen Sperling und Amsel. Oberseits einheitlich braunrötlich, unterseits heller (gräulich), Brust sandfarben. Große dunkle Augen, langer Schwanz.
Stimme Berühmt für ihren schönen Gesang, während der Paarungszeit auch nachts. Vielfältig trillernd, flötend, gurgelnd, bekannt ist das ansteigende „lu lu lü lü li li“. Rufe unauffällig, bei Gefahr pfeifend und knarrend.
Nahrung Insekten, Spinnen, Würmer, Larven, als Alternative manchmal Beeren.
Vorkommen Gebiete mit viel Unterholz und dichtem Gebüsch, z. B. Mischwälder, Felder, Parks, Friedhöfe und große Gärten. Gern mit Wasser.

TYPISCH Unauffälliger Vogel, den man eher hört als sieht. Nachtigallen bauen ihre Nester bodennah im Gebüsch und polstern es mit Moos aus. Einmal im Jahr bebrütet das Weibchen 4-6 grünlich braune Eier. Die Nachtigall lebt von April bis September bei uns und überwintert in Afrika. Männchen besingen besonders nachts die dann aktiven Weibchen.

Von Aussichtspunkten aus erspähen und erbeuten →
Rotkehlchen Würmer und Insekten.

Rotkehlchen 054

Erithacus rubecula

Merkmale Länge 12,5–14 cm. Schlanker Körper auf dünnen Beinen, manchmal aufgeplustert und kompakt. Oberseits braun, Gesicht, Kehle und Brust charakteristisch orangerot, Bauch gräulich.
Stimme Kurzes „tick" als Ruf. Bei Aufregung gereiht „tick-tick-tick...". Gesang zwitschernd, hell und variierend.
Nahrung Insekten, Spinnen, Raupen, Schnecken und Würmer, manchmal Früchte.
Vorkommen Wälder, Parks, Gärten und offene Landschaften mit Gebüsch.

TYPISCH Das Rotkehlchen ist sehr aufmerksam. Neben der Ansitzjagd huscht der Vogel bodennah durch sein Revier, um Futter zu suchen.

Rotkehlchen gewöhnen sich schnell an „ihre" Menschen und kommen bei der Gartenarbeit nah heran, um Würmer zu erbeuten.

Gleichgroß, aber mit hellerem Gefieder: → der Gartenrotschwanz 056.

Hausrotschwanz 055

Phoenicurus ochruros

Merkmale Länge 13–14,5 cm. Männchen überwiegend grauschwarz, Weibchen und Jungvögel brauner. Schwanz rostrot. Schlanke Erscheinung.
Stimme Lauter Gesang vor der Morgendämmerung: pfeifend, klappernd, knirschend. Pfeifender Ruf: „fist".
Nahrung Insekten, Spinnen, Larven, Beeren.
Vorkommen Wälder und Gärten, auch Kiesgruben.

TYPISCH Der Hausrotschwanz eilt ständig durch sein Revier. Durch das häufige Knicksen der Beine und den zitternden Schwanz wirkt der Vogel nervös. Hausrotschwänze brüten in Halbhöhlen, Nischen und Spalten, auch in Hausnähe. Den Winter verbringen die Vögel meist in Nordafrika. Häufig mit dem Hausrotschwanz verwechselt wird der **GARTENROTSCHWANZ** *(Phoenicurus phoenicurus)*. Er hat jedoch einen roten Bauch (Weibchen beige) und wirkt insgesamt heller. In Gärten ist er entgegen seinem Namen seltener geworden, er bevorzugt deckungsreiche Wälder. Auch der Gartenrotschwanz überwintert in Afrika.

VÖGEL AM FUTTERHAUS

↓ Die **Blaumeise** *(Cyanistes caeruleus)* ist zurückhaltender als die größere Kohlmeise. Sie hängt sich gern an fetthaltige Futterbälle oder -ringe.

↓ **Kohlmeisen** *(Pyrus major)* sind oft zahlreich zu Gast und behaupten sich am Futterplatz gegen andere Arten. Sie fressen gern Sonnenblumenkerne.

↑ Der **Buchfink** *(Fringilla coelebs)* knackt mit seinem großen Schnabel auch große Samen wie Bucheckern. Ans Futterhaus locken ihn Nussstückchen.

↑ **Gimpel** *(Pyrrhula pyrrhula)* halten sich erst versteckt in Sträuchern auf, um dann als Gruppe aufzutreten. Sie mögen fettreiche Samen und Nüsse.

↓ Der **Grünfink** *(Chloris chloris)* taucht wie Kohlmeisen rasch am Futterhaus auf und macht sich truppweise breit. Er frisst auch gern Meisenknödel.

↓ Das **Rotkehlchen** *(Erithacus rubecula)* trifft meistens allein am Futterplatz ein. Es mag sehr kleine Samen, Haferflocken und Rosinen.

↑ **Amseln** *(Turdus merula)* sind am Futterhaus zurückhaltender. Sie suchen am Boden häufig Reste und mögen Obst und Rosinen.

↑ **Kleiber** *(Sitta europaea)* sind sehr selbstbewusst. Sie sprengen gern friedliche Runden anderer Vögel und drängeln sich vor, um Vorräte davonzutragen.

1

2

1 Grünfink 057

Chloris chloris

STECKBRIEF Länge 14–16 cm • Männchen grüngelb mit schwarzen und gelben Abzeichen an Flügeln und Schwanz, Weibchen graubraun • Schnabel käftig, hellrosa • Dunkler Fleck zwischen Auge und Schnabel • Bewohnt Waldränder, offenes Land, Gärten und Parks mit Gehölzen • Frisst Sämereien, Knospen, Früchte, Hagebutten • Stimme vielfältig, ruft deutlich „jüpp".

2 Buchfink 058

Fringilla coelebs

STECKBRIEF Länge 14–16 cm • Männchen mit graublauem Kopf, sonst v. a. bräunlich dunkel mit rostrotem Bauch, Weibchen unauffälliger, beide Geschlechter mit grauer Unterseite und zwei weißen Binden am Flügel • Schnabel kräftig • Stimme abwechslungsreich, z. B. einzigartiges, scharfes „fink!" • Bewohnt lichte Wälder, Parks, Gärten • Sucht am Boden nach Sämereien, Nüssen, Insekten • Außerhalb der Brutzeit (2 Bruten pro Jahr) in geselligen Trupps.

Das Weibchen ist sehr viel dezenter gefärbt als das Männchen.

Gimpel 059

Pyrrhula pyrrhula

Merkmale Länge 15,5–17,5 cm. Männchen unterseits rosarot, Weibchen braungrau. Rücken grau, Schnabel, Kappe, Flügel und langer Schwanz schwarz. Schnabel sehr kurz, Statur insgesamt plump.
Stimme Rufe flötend, melancholisch, z. B. „püh", abfallend „pjü-u" oder „büt büt". Gesang weich, zögernd, tiefe Töne.
Nahrung Samen, Knospen und Beeren, seltener Insekten.
Vorkommen Strauchreiche Laub- und Nadelwälder, Parks und Gärten.

TYPISCH Gimpel verhalten sich insgesamt ruhig, fast träge. Gruppen oder Paare sind eher heimlich in Sträuchern und Bäumen unterwegs.

Zum Winter eine Mütze: Erst mit der Herbstmauser bekommen Jungvögel ihre schwarze Kappe.

❶ Haussperling · Spatz 060

Passer domesticus

STECKBRIEF Länge 14–16 cm • Rücken braun-schwarz gestreift, Unterseite grau, Männchen schwarze Kehle und Brust, Weibchen schlichter, Gefieder wirkt oft struppig • Schnabel kräftig • Lebt gesellig in Siedlungsnähe, brütet in Nistkästen und Gebäudenischen • Frisst gern Samen, je nach Angebot auch Hausabfälle • Ruf variierend, aber ständig, u. a. „tschilp".

❷ Feldsperling 061

Passer montanus

STECKBRIEF Länge 12,5–14 cm • Oberseits braun-schwarz, unterseits grau, im Vergleich zum Haussperling rein brauner Kopf mit weißer Wange, beide Geschlechter gleichfarbig • Unterliegt bei Konkurrenz dem größeren Haussperling, daher seltener in der Stadt anzutreffen • Sehr sozial, brütet in Kolonien in Baumhöhlen und Nistkästen • Frisst Samen, v. a. Getreidekörner • Stimme hölzerner als beim Haussperling • Leidet unter dem Landschaftswandel.

Unerschrocken verschafft sich der Kleiber Platz an der Futterstelle.

Kleiber 062

Sitta europaea

Merkmale Länge 12–14,5 cm. Oberseite blaugrau, Unterseite rötlich beige oder heller, schwarzer Lidstrich. Geschlechter fast identisch, Männchen dunklere Schwanzunterseite. Wirkt kompakt. Schnabel gerade und spitz.
Stimme Vielfältig und laut. Kontaktrufe bei der Nahrungssuche scharfes „zit" oder „ziiit", sehr lauter Warnruf „twett". Gesang in unterschiedlich schnellen Pfeiftönen, z. B. langsameres „wülH wülH wülH …".
Nahrung Im Sommer mehr Insekten, im Winter v. a. Sämereien und Nüsse.
Vorkommen Laub- und Mischwälder, Parks und große Gärten mit alten Bäumen.

TYPISCH Kleiber sind lebhaft und laufen flink an Bäumen und Ästen hinauf und auch kopfüber herab. In Ritzen und Löchern suchen sie nach Insekten. Wie die Spechte klemmen sie z. B. Nüsse in Spalten ein und meißeln sie dort auf. Einmal jährlich bebrütet das Weibchen bis zu 9 Eier in einer Baumhöhle aus. Beide Eltern kümmern sich um den Nachwuchs. Eingang zur Nisthöhle wird mit Lehm zur passenden Größe verklebt („kleibern").

1

2

1 Wintergoldhähnchen 063

Regulus regulus

STECKBRIEF Länge 8,5–9,5 cm, ca. 5 g • Kleinster Vogel Europas • Oberseite grün, Unterseite weißgrau, Scheitel der Männchen orange (Weibchen gelb) • Figur kugelig, Schnabel zierlich • Lebt in Nadel- und Mischwäldern, wo es durch Zweige hüpft • Frisst v. a. Insekten und Spinnen • Brütet weit oben in Bäumen • Stimme dünn und hoch, ruft häufig „sri-sri-sri“.

1 Zaunkönig 064

Troglodytes troglodytes

STECKBRIEF Länge 9–10,5 cm, ca. 10 g • Oberseite rötlich braun, Unterseite heller, insgesamt dunkel gebändert • Schwanz kurz, meist senkrecht stehend, Schnabel spitz • Bewohnt Wälder, offene Landschaften, Parks und Gärten mit viel Dickicht • Frisst Insekten, Spinnen, Samen und Beeren • Stimme kräftig und laut, Gesang lautes Trillern • Das Männchen baut in seinem Revier mehrere Kugelnester, von denen das Weibchen eines auswählt.

Eisvögel tauchen schräg ins Wasser ein und senkrecht wieder auf. →

Eisvogel 065

Alcedo atthis

Merkmale Länge 17–19,5 cm. Oberseits schillernd türkisblau, unterseits orangerot. Schnabel groß, schwarz und spitz. Großer Kopf, kurzer Schwanz.
Stimme Pfeifender Ruf „zii", manchmal auch gereiht. Gesang einfach, aus abgewandelten Lockrufen.
Nahrung Vor allem kleine Fische, auch Molche, Frösche und Kaulquappen.
Vorkommen Fischreiche Gewässer.

TYPISCH Der scheue Eisvogel nistet in selbst gegrabenen ca. 1 m langen Röhren in Steilufern seines Reviers. Wie Eulen würgt er unverdauliche Nahrungsbestandteile (z. B. Schuppen oder Knochen) wieder hoch und spuckt sie als „Gewölle" aus.

Vom Ansitz aus stürzt der Eisvogel blitzartig auf Beute im Wasser. Leider ertrinken so auch häufig noch ungeübte Jungvögel.

Bei Störung bauen Elsternpaare an einem passenderen Ort ein neues Nest. →

Elster 066

Pica pica

Merkmale Länge 40–51 cm, inklusive 20–30 cm Schwanz. Schwarz, im Licht grün oder blau schimmernd, Bauch und Flügelspitzen weiß. Kleiner als Krähen, sehr langer Schwanz.
Stimme Ruf heiser und laut „tscha-ka", Warnruf heiser „tschek-tschek-tschek…", Gesang selten, rau und schwatzend.
Nahrung Insekten, Würmer, auch Jungvögel, Eier und Essensreste.
Vorkommen Gehölzreiche offene Landschaften, Dörfer und Städte.

TYPISCH Elstern beobachten ihre Umwelt genau. Oft suchen sie ihr Futter auf Freiflächen, z. B. in Parks oder auf Schulhöfen. Paare bleiben ein Leben lang zusammen.

Teamwork: Das Männchen sammelt Material und das Weibchen baut daraus das kugelige Nest, in dem es geschützt brüten kann.

Der verwandte Tannenhäher 068 lebt in Gebirgsregionen mit vielen Nadelbäumen. →

Eichelhäher 067

Garrulus glandarius

Merkmale Länge 32–35 cm, bis 58 cm Spannweite. Gefieder bräunlich rosa, Flügel und Schwanz schwarz-weiß, auffällig blaues Feld am Flügel.
Stimme Häufig lautes „krschääh!“ bei Störungen, daher auch „Waldpolizei“ genannt.
Nahrung Vor allem Eicheln, Bucheckern, Nüsse, auch Eier und Jungvögel.
Vorkommen Laub- und Nadelwälder, Feldgehölze, Parks, große Gärten.

TYPISCH Der Eichelhäher ist oft in kleinen Trupps unterwegs. Er ist äußerst aufmerksam und scheut Menschen. Beim Fliegen hört man ihn flattern. In seiner Kehle kann er bis zu 10 Eicheln transportieren. Er legt an mehreren Orten Wintervorräte an (ca. 15 kg). Nicht alle Vorräte findet er wieder – so wird er zum wichtigen Verbreiter von Baumsamen („Hähersaat“). Der **TANNENHÄHER** *(Nucifraga caryocatactes)* ist dunkel und weiß gefleckt. Sein Schnabel ist größer und sein Schwanz deutlich kürzer als der des Eichelhähers. Er frisst meist Nadelbaumsamen und Haselnüsse und legt auch Wintervorräte an.

1 Zauneidechse

Lacerta agilis

STECKBRIEF Länge bis 25 cm • Kopf kurz, Rumpf kräftig • Weibchen braun mit weißem Bauch, Männchen an Seiten und Bauch grün, oberseits viele Punkte • Frisst v. a. Schmetterlinge, Käfer, Spinnen • Tagaktiv, April bis September • Legt 5–15 Eier in Erdlöcher • Bewohnt sonnige Wald- und Wegränder, Hecken sowie Eisenbahndämme und Zäune • Stark gefährdet.

2 Mauereidechse

Podarcis muralis

STECKBRIEF Länge 18–20 cm • Oberseite variabel graubraun bis grünlich, Unterseite hell bis rötlich, auch gemustert • Kopf flach und spitz, Schwanz doppelt so lang wie der Rumpf, endet sehr dünn • Frisst Insekten, Spinnen und Schnecken • Lebt in Revieren, v. a. in Weinanbaugebieten, an Bahndämmen und Böschungen • Aktiv von April bis September, Winterruhe wird bei mildem Wetter auch unterbrochen • Legt 2–8 Eier in den Boden.

Zum Züngeln müssen Blindschleichen ihr Maul leicht öffnen, Schlangen nicht. →

Blindschleiche

Anguis fragilis

Merkmale Länge bis 50 cm. Schlangenartige Echse ohne Beine. Glänzend grau bis bräunlich goldfarben. Weibchen seitlich und am Bauch dunkler mit dunklem Rückenstrich, Männchen einfarbig und heller.
Nahrung Vor allem Nacktschnecken, Regenwürmer.
Vorkommen Vielerorts in trockenen bis feuchten Lebensräumen. Unterirdische Gänge, versteckt unter Ansammlungen von Steinen, Brettern oder Laub, auch in Kompost- und Misthaufen.

TYPISCH Blindschleichen können 40 Jahre alt werden. Das „Blind" im Namen spielt auf den Glanz ihrer Haut an. Die Tiere können durchaus sehen. Die Weibchen brüten die Eier im Bauch aus und gebären 6–12 selbstständige Junge.

Anders als bei Eidechsen wächst der Schwanz der Blindschleiche nicht mehr nach, wenn sie ihn bei einem Angriff abgeworfen hat.

Für Menschen ist der Biss der Kreuzotter nicht ⟶
tödlich, man sollte jedoch einen Arzt aufsuchen.

Kreuzotter

Vipera berus

Merkmale Länge 50–70 cm. Körper gedrungen, Kopf oval und abgeflacht, Schnauze abgerundet, Pupillen senkrecht geschlitzt. Grundfarbe variabel von silbergrau bis fast schwarz, auch Braun- und Rottöne. Auffällige, dunkle Zickzack-Zeichnung auf der Oberseite, die in Form und Farbe variieren kann. Markant ist die x- oder v-förmige Zeichnung auf dem Kopf.
Nahrung Meist Mäuse, Eidechsen oder Frösche.
Vorkommen Sonnige Heideflächen und Moore, lichte Wälder.

TYPISCH Die tagaktive Schlange flieht bei Störungen unter Steine oder Pflanzen. Fühlt sich eine Kreuzotter in die Enge getrieben, droht sie laut zischend und beißt. Sie lauert Beutetieren auf und vergiftet diese mit ihrem Biss. Dann folgt sie ihnen und verschlingt sie in einem Stück. Die Weibchen brüten ihre Eier im Mutterleib aus, den die 5–15 Jungtiere im Spätsommer als bleistiftgroße, selbstständige Schlangen verlassen. Diese Eigenschaft ermöglicht es den Kreuzottern, sich auch in kühleren Regionen fortzupflanzen.

Runde Pupillen sind ein Merkmal ungiftiger Schlangen.

Ringelnatter

Natrix natrix

Merkmale Länge Weibchen 85–150 cm, Männchen 55–75 cm. Zwei gelbe Punkte am Hinterkopf. Oberseite dunkelgrau, grün oder bräunlich mit schwarzen Flecken. Unterseite hell mit dunklem Muster. Pupillen rund.
Nahrung Vor allem Kröten, Frösche und Mäuse.
Vorkommen Feuchte Wiesen, Sümpfe, gern an Seen und Teichen.

TYPISCH Ringelnattern sind tagaktiv und können sehr gut schwimmen. Für Menschen sind die scheuen Tiere ungefährlich. Bei Gefahr sondern sie ein stinkendes Sekret ab oder stellen sich tot. Junge Schlangen schlüpfen nach ca. 30 Tagen aus den Eiern. Zur Winterruhe ziehen sich die Schlangen im Herbst gruppenweise in Verstecke zurück.

Abwechslung erwünscht: Ringelnattern benötigen warme Sonnenplätze, schattige Verstecke und trockene Winterquartiere.

Feuersalamander

Salamandra salamandra

Merkmale Länge bis 28 cm. Schwarz glänzende Haut mit gelben Flecken. Kurzer Kopf, große schwarze Augen. Kräftige Beine und langer Schwanz.
Nahrung Schnecken, Käfer, Asseln, Ohrwürmer.
Vorkommen Feuchte Laubmischwälder, kühle Bäche, Tümpel und kleine Gewässer in Mittelgebirgen.

TYPISCH Feuersalamander sind nachts, bei starkem Regen, aber auch am Tag aktiv. Bei Hitze und Trockenheit verstecken sie sich an kühlen, schattigen Plätzen. Im Mittelalter glaubte man, die Tiere könnten Brände löschen und warf sie ins Feuer – daher der Name. Um Feinde abzuschrecken, sondern die Amphibien eine giftige Hautflüssigkeit ab. Für Menschen ist der Kontakt damit ungefährlich. Anfassen sollte man die Salamander trotzdem nicht: Ihre empfindliche Haut kann durch Stoffe, die an unseren Händen haften, Schaden nehmen. So bedroht z. B. ein tödlicher Hautpilz die Art. Dieser ist für Menschen und andere Tiere ungefährlich, wird aber vermutlich über sie verbreitet.

Alpen-Salamander

Salamandra atra

Merkmale Länge 13–16 cm. Lackschwarz glänzende Haut, quer verlaufende Rillen auf der Oberseite. Kurzer Kopf mit großen Augen, breites Maul, langer Schwanz und kräftige Beine.
Nahrung Vor allem Käfer, Spinnen und Larven.
Vorkommen Helle, kühle und ausreichend feuchte Buchen- und Laubmischwälder der Alpen, auch Alpweiden, Schutt- und Geröllhalden.

TYPISCH Der nacht- und dämmerungsaktive Salamander kommt bei Regen oder Tau aus seinen Verstecken. Alpensalamander sind besondere Lurche, weil sie lebend gebären. Mit 2–4 Jahren ist ihre Tragzeit zudem extrem lang. Der Nachwuchs ist so schon voll entwickelt und hat auch in kühlen Regionen bestmögliche Überlebenschancen.

Gewitter-Fans: Besonders vor und während einem Gewitterregen ist die Chance groß, Alpen-Salamander zu entdecken.

Teichmolch

Lissotriton vulgaris

Merkmale Länge bis 11 cm. Schlanker Körper, Rücken braun bis olivbraun, Bauch gelb bis rosa mit dunklen Flecken. Nur Männchen haben einen gewellten Kamm auf dem Rücken, die Weibchen sind einfarbig sandbraun.
Nahrung Vor allem Insekten, Larven und Würmer.
Vorkommen Stehende, sonnige Gewässer mit vielen Wasserpflanzen.

TYPISCH Zwischen März und Mai wandern Teichmolche zu Gewässern, um sich darin zu paaren. Die Weibchen heften danach bis zu 300 Eier („Laich") an Wasserpflanzen. Schon nach 2–4 Wochen schlüpfen die Larven. Sie gehen etwa Anfang Juli als fertige Molche an Land. Teichmolche helfen, lästige Insekten wie z. B. Mückenlarven, zu reduzieren.

Stumm, aber hübsch: Molche quaken nicht wie Frösche. Die Männchen beeindrucken die Weibchen mit Duft und prächtigem Aussehen.

Gelbbauchunke 069

Bombina variegata

Merkmale 4–5 cm. Oberseite graubraun mit flachen Warzen, Bauchseite schwarzblau mit gelben Flecken. Flacher Körper, Pupillen bei Helligkeit unkentypisch herzförmig.
Nahrung Käfer, Raupen, Ameisen und Larven, auch Spinnen und kleine Krebstiere.
Vorkommen Warme, stehende und langsam fließende Gewässer, sogar Pfützen und Traktorenspuren.

TYPISCH Droht Gefahr, reagieren Gelbbauchunken mit dem „Unkenreflex“: Sie machen ein starkes Hohlkreuz und heben Arme und Beine vom Boden ab. So wird ihre grell gefärbten Unterseite sichtbar, die Fressfeinde abschrecken soll. Den gesamten Sommer über ist Laichzeit für die kleinen Unken. Männchen rufen im Frühsommer zur Paarung dumpfe Melodien. Begattete Weibchen legen unter Wasser bis zu 170 Eier, die sie in kleinen Gruppen aus je ca. 20 Eiern an Pflanzen absetzen. Bei guten Bedingungen sind die Nachkommen schon nach gut 1 Monat fertig entwickelt.

Teichfrosch 070

Pelophylax kl. esculentus

Merkmale 9–11 cm. Hellgrün bis bräunlich gefärbt mit dunklen Flecken. Kompakter Körper, kräftige Hinterbeine.
Nahrung Vor allem Insekten, Spinnen, Schnecken.
Vorkommen Ganzjährig an unterschiedlichsten sonnigen Gewässern mit vielen Pflanzen.

TYPISCH Teichfrösche können sich gut anpassen und bewohnen neben Teichen auch Gräben oder Moore. Gern sonnen sie sich auf Wasserpflanzen. Die Art überwintert an Land wie auch unter Wasser (Winterstarre). Weibchen setzen im Sommer bis zu 8000 Eier ab. Der Großteil davon wird von Fischen oder z. B. auch Wasservögeln gefressen, bevor sie sich zu Kaulquappen und Fröschchen entwickeln können.

Der Teichfrosch ist eine Kreuzung aus Wasserfrosch und Kleinem Seefrosch. Er ähnelt beiden stark.

1

2

❶ Laubfrosch 071

Hyla arborea

STECKBRIEF 5 cm • Grasgrün bis dunkelgrün • Haut glänzend, Kopf kurz und breit, Schnauze stumpf, Augen stark hervortretend • Lebt in fischfreien Kleingewässern mit Gehölzen am Ufer • Jagt nachts v. a. Insekten und Spinnen • Klettert sehr gut, auch an glatten Flächen • Die Männchen quaken im Frühling laut • Die Weibchen setzen pro Jahr bis zu 1000 Eier ab.

❷ Grasfrosch 072

Rana temporaria

STECKBRIEF 10 cm • Oberseite hellbraun bis rötlich dunkelbraun, dunkle Flecken, Hinterbeine dunkel gebändert, Männchen am Bauch weißlich, Weibchen orange • Häufigster Frosch Europas • Dämmerungs- und nachtaktiv in kühlen, schattigen Lebensräumen, z. B. Gebüsche, Wälder, Gewässerufer, Gärten • Frisst v. a. Käfer, Spinnen, Schnecken • Wandert zu Laichgewässern • Die Weibchen legen bis zu 4500 Eier auf einmal im Wasser ab.

Die Eier sind im Wasser in meterlangen Schnüren aufgereiht.

Erdkröte 073

Bufo bufo

Merkmale Bis 15 cm. Warzige Haut meist einfarbig braun, seltener rötlich oder grünlich. Kurze, breite Schnauze.
Nahrung Würmer, Schnecken, Asseln, Spinnen.
Vorkommen Vielfältig, Laub- und Mischwälder, Gärten und Wiesen mit viel Gebüsch.

TYPISCH Erdkröten sind meist nachtaktiv und ruhen ansonsten unter Steinen, Holz, Laub oder in selbst gegrabenen Erdlöchern. Im Frühjahr brechen sie zu Massenwanderungen zu den Laichgewässern auf. Dabei kehren sie in den meisten Fällen zum Gewässer ihrer Geburt zurück und überwinden dafür Strecken von bis zu 3 km – am liebsten in regnerischen Nächten. Weil die Tiere langsam sind, werden sie dabei häufig überfahren. Daher stehen in bekannten Krötengebieten Zäune entlang der Straßen, um die Tiere sicher über die Fahrbahn zu bringen. Aus Drüsen der Haut sondert die Erdkröte Bitterstoffe ab. Diese schützen sie vor Fressfeinden. Diese Substanzen schützen auch die rund 6000 Eier.

Die Weibchen tragen die kleineren Männchen huckepack – wie bei allen Kröten und Fröschen. ⟶

Kreuzkröte 074

Epidalea calamita

Merkmale Bis 10 cm. Körper gedrungen. Helle Grundfarbe, grünlich braun marmoriert. Auf der Haut viele Warzen, die manchmal rötlich sind. Oft mit hellem Streifen auf dem Rücken.
Nahrung Käfer, Ameisen und Fliegen.
Vorkommen Unter anderem Dünen und ehemalige Kiesgruben.

TYPISCH Kreuzkröten sind in trockenen, warmen Gebieten mit ausreichend Versteckmöglichkeiten anzutreffen. Als Laichplätze benötigen sie möglichst pflanzenfreie Gewässer und kommen auch mit Pfützen zurecht. Sie springen selten, sondern laufen eher. Ihre Rufe sind sehr laut und manchmal kilometerweit zu hören – besonders in milden Frühsommernächten.

Dank der nur dreiwöchigen Entwicklungszeit sind austrocknende Laichgewässer für Kreuzkröten kaum ein Problem.

HEIMISCHE FISCHE IM SÜSS- UND SALZWASSER

In Fließgewässern, Seen und im Meer gibt es zahlreiche Fische zu entdecken. Sie alle haben ihre besonderen Lebensweisen und bilden eine nicht minder wichtige Artengruppe. Einige von ihnen sind bekannte Speisefische und nicht selten ist genau das eine große Gefahr für sie. Die weltweit wachsende Nachfrage nach Fisch als Lebensmittel führt zur Überfischung der Bestände. Zusätzlich gefährdet der Verlust von Lebensräumen durch menschliche Einflüsse wie Wasserverschmutzung und Folgen der Klimakrise ihre Existenz.

1 Europäischer Wels *(Silurus glanis)*: Größter heimischer Süßwasserfisch, durchschnittlich 150 cm lang, frisst manchmal auch Frösche.

2 Karpfen *(Cyprinus carpio)*: Kräftiger Süßwasserfisch, bis 120 cm lang, in stehenden und langsam fließenden Gewässern zuhause.

3 Flussbarsch *(Perca fluviatilis)*: Süßwasser-Raubfisch, 15–30 cm lang, markante fächerartig aufstellbare Rückenflosse, typisches Streifenmuster.

4 Europäischer Aal *(Anguilla anguilla)*: Weibchen bis 150 cm, Männchen bis 60 cm lang. Wandern aus Flüssen bis zu 7000 km in ihr Laichgebiet östlich von Florida. Vom Aussterben bedroht.

5 Bachforelle *(Salo trutta fario)*: Süßwasserfisch in schnell fließenden Gewässern, 20–40 cm lang, Oberseite bräunlich oliv, Bauchseite hell.

6 Hering (*Cluepa harengus*): Bis 28 cm lang, bunt schillernd. Der Schwarmfisch führte im Mittelalter zum Aufstieg der deutschen Hanse.

7 Makrele (*Scomber scombrus*): Bis 30 cm lang, schlank, Schwarmfisch. Sehr schnell und wendig, weil sie keine Schwimmblase hat.

8 Seelachs (*Pollachius virens*): Bis 70 cm lang, kann bis zu 30 Jahre alt werden. Der Raubfisch und beliebte Speisefisch wird auch „Köhler“ genannt.

Der Asiatische Marienkäfer hat häufig ein schwarzes „M" auf dem Kopfschild.

Siebenpunkt-Marienkäfer

Coccinella septempunctata

Merkmale Länge 5–8 mm. Rot glänzende Flügeldecken mit 7 schwarzen Punkten. Körper kugelig-kompakt.
Nahrung Vor allem Blattläuse, bis zu 50 Stück täglich.
Vorkommen Ganzjährig weit verbreitet, z. B. Gärten, Wälder, Agrarlandschaften.

TYPISCH Da besonders die Larven in den ca. 3 Wochen bis zur Verpuppung ca. 400 Blattläuse fressen, gilt der Siebenpunkt-Marienkäfer als beliebter Nützling. Die Anzahl der Punkte gibt keine Auskunft über das Alter des Käfers. Er lebt höchstens bis zum nächsten Frühling. Zum Überwintern versammeln sich Marienkäfer in Spalten und Höhlen. Der **ASIATISCHE MARIENKÄFER** *(Harmonia axyridis)* kann von orangerot bis schwarz gefärbt sein und hat 19 Punkte. Die Punkte sind nicht in jeder Farbvariante sichtbar. Er frisst bis zu fünfmal mehr Blattläuse als der Siebenpunkt-Marienkäfer und vermehrt sich mehrfach im Jahr. Ursprünglich zur Schädlingsbekämpfung eingeführt, verdrängt er nun die heimischen Arten.

Der hellbraune Junikäfer wird nur halb so groß wie der Feldmaikäfer. →

Feldmaikäfer

Melolontha melolontha

Merkmale Länge 2–3 cm. Braune Flügeldecken mit 4 Längsrippen. Halsschild und Unterseite schwarz, weiße Dreiecke an den Flanken.
Nahrung Besonders Larven fressen an Wurzeln verschiedener Pflanzen.
Vorkommen Laubwälder und deren Ränder, Felder.

TYPISCH Den Großteil seines Lebens verbringt der Maikäfer als Larve in der Erde („Engerling"). Dort sorgt er mitunter für großen Schaden durch Wurzelfraß. Deshalb werden Engerlinge mancherorts sogar mit Gift bekämpft. Nach meistens 4 Jahren ist der Käfer fertig entwickelt und verlässt den Boden. Weil sich viele Larven zeitgleich entwickeln, kommt es etwa alle 4 Jahre zu massenhaften Vorkommen von Maikäfern, die durch Blattfraß erneut große Schäden in Laubwäldern verursachen können. Sehr ähnlich ist der nah vewandte **WALDMAIKÄFER** *(M. hippocastani)*. Er ist etwas seltener und lebt in Wäldern. Außerdem wird der **JUNIKÄFER** *(Amphimallon solstitiale)* oft für einen Maikäfer gehalten. Er ist mit 14–18 mm aber deutlich kleiner und außerdem heller gefärbt.

Ab Ende Mai schwärmen junge Gartenlaubkäfer. ⟶
Sie paaren sich und sterben nach ca. 2 Wochen.

Gold-Rosenkäfer

Cetonia aurata

Merkmale Länge 14–20 mm. Prächtig grünblau-goldfarben bis rötlich glänzend, feine weiße Querstreifen. Breiter, flacher Körper, der kantig wirkt.
Nahrung Larven: Faserbestandteile im Kompost. Käfer: Nektar und Pollen von Blüten.
Vorkommen Blüten von Rosen und anderen Gehölzen.

TYPISCH Die Flügeldecken des Gold-Rosenkäfers sind verwachsen und werden zum Fliegen hochgeklappt. Die Larven („Engerlinge") leben 2–3 Jahre im Boden, verpuppen sich im Herbst und überwintern in der Erde. Im Frühling machen sie sich als Käfer auf die Suche nach Blüten. Im Gegensatz zu Maikäfern richtet diese Art weder als Engerling noch als Käfer Schäden an. Der **GARTENLAUBKÄFER** *(Phyllopertha horticola)* wirkt wie eine Mischung aus braunem Maikäfer mit Fächerfühlern und grün glänzendem Rosenkäfer. Er ist jedoch viel kleiner (8,5–11 mm). Seine im Boden lebenden Larven können in großer Zahl Wurzelschäden verursachen. Der Fraß der Käfer, z. B. an Rosenblüten, ist für Pflanzen nicht gefährlich.

❶ Lederlaufkäfer

Carabus coriaceus

STECKBRIEF Länge 30–40 mm • Größter heimischer Laufkäfer • Länglicher Körper, lange Beine und Fühler, kräftige Mundwerkzeuge • Matt schwarz bis leicht glänzend • Schneller Läufer, aber wie viele andere Laufkäfer flugunfähig • Dämmerungs- und nachtaktiv • Am Boden, unter Steinen, Holz und Moos • Bevorzugt feuchte Orte • Jagt v. a. Schnecken, Insekten und Würmer.

❷ Mausgrauer Schnellkäfer

Adelocera murina

STECKBRIEF Länge 13–17 mm • Oberseite braun mit grauen Flecken • Körper gleichmäßig länglich und flach, hinten spitz zulaufend, Fühler bestehen aus vielen Gliedern • Lebt an Waldrändern, in Gebüschen und auf Wiesen • Die Käfer fressen v. a. Blüten und Blätter • Aus der Rückenlage kann der Käfer durch einen einzigartigen Sprungmechanismus in die Höhe schnellen und wieder auf seinen Füßen landen – daher der Name „Schnellkäfer".

Im Handstand und rückwärts laufend manövriert der Käfer die Dungkugel. →

Waldmistkäfer

Anoplotrupes stercorosus

Merkmale Länge 12–19 mm. Oberseite schwarzblau mit schwachen Längsrillen auf den Deckflügeln. Kompakter, halbrunder Körper, insgesamt kräftig. Braune Fühler an den Spitzen verdickt, Beine mit feinen Dornen.
Nahrung Kot, auch Pilze und Baumsäfte.
Vorkommen Laub- und Mischwälder.

TYPISCH Der Mistkäfer ist sehr wichtig für das Beseitigen von Tierkot. Im Frühling formt er diesen zu Kugeln und bringt ihn als Nahrung für seine Larven in unterirdische Brutkammern. Den Hauptgang und die Seitengänge mit je einer Brutkammer am Ende gräbt der Käfer selbst. In jeder Brutkammer liegt 1 Ei mit etwas Mist. Die Larven entwickeln sich innerhalb eines Jahres zu Käfern und graben sich an die Oberfläche. Der sehr ähnliche **GEMEINE MISTKÄFER** *(Geotrupes stercorarius)* ist oberseits schwarz glänzend und nur unterseits blauviolett bis grün glänzend. Seine Fühler sind schwarz und mit 15–27 mm ist er größer als der Waldmistkäfer.

❶ Nashornkäfer

Oryctes nasicornis

STECKBRIEF Länge 20–40 mm • Oberseite glänzend rot- bis dunkelbraun • Männchen mit großem Horn auf dem Kopf, Weibchen nur mit kleiner Erhebung • Dämmerungs- und nachtaktiv • In Wäldern, Parks, Gärten • Der Käfer trinkt vermutlich Baumsäfte, die Larve (oft im Kompost) frisst tote Pflanzen • Die Larvenentwicklung dauert 3–5 Jahre, die Käfer leben nur wenige Wochen.

❷ Hirschkäfer

Lucanus cervus

STECKBRIEF Länge 25–75 mm • Größter Käfer Europas • Oberseite dunkelbraun bis schwarz, teils rötlich • Männchen mit geweihartigem Oberkiefer (bis 3 cm), dient als Waffe bei Rivalenkämpfen und zum Festhalten von Weibchen, Weibchen viel kleinere Mundwerkzeuge • In naturnahen Eichenwäldern, oft an Eichen mit Pilzbefall • Trinkt Baumsäfte • Larven bis über 10 cm lang, brauchen morsche Baumstümpfe von Laubbäumen für die 5–8 Jahre dauernde Entwicklung.

INSEKTEN IM WALD

Hirschkäfer *(Lucanus cervus)*: Unsere größte Käferart, bis 80 mm lang. Durch den Rückgang alter Eichenwälder inzwischen sehr selten geworden.

Alpenbock *(Rosalia alpina)*: Bis 38 mm lang, unverwechselbar blau-schwarz. In den Alpen und in Mittelgebirgen, braucht tote Buchen. Stark gefährdet.

Ameisenbuntkäfer *(Thanasimus formicarius)*: Bis 10 mm lang. Natürlicher Feind von Borkenkäferarten, kann aber keine Massenvermehrungen aufhalten.

Buchdrucker *(Ips typographus)*: 4–5 mm lang. Einer von vielen Borkenkäfern. Frisst an Fichten, verursacht durch Massenvermehrungen große Schäden.

↓ **Großer Brauner Rüsselkäfer** *(Hylobius abietis)*: Bis 14 mm lang. Nagt mit dem Rüssel an der Rinde junger Nadelbäume, für sie ein bedeutsamer Schädling.

↓ **Buchengallmücke** *(Mikiola fagi)*: Ihre Larven entwickeln sich in kleinen Hülsen („Gallen“) auf Buchenblättern. Der Baum nimmt dadurch keinen Schaden.

↑ **Rote Waldameise** *(Formica rufa)*: Bis 11 mm lang. Rötlich, Hinterleib schwarz. Typisch: die Ameisenhügel. Belüftet den Boden, beseitigt tote Pflanzen und Tiere.

↑ **Kiefernspinner** *(Dendrolimus pini)*: Flügelspannweite 5–8 cm. Unscheinbar. Die Raupen fressen Kiefernnadeln, können Kiefernwälder gefährden.

Nur zur Paarungszeit sieht man die flügeltragenden Männchen im Ameisenvolk. →

Rote Waldameise

Formica Rufa

Merkmale Länge 5–11 mm. Hinterleib schwarz, sonst rötlich. Zart gebaut.
Nahrung Lebende und tote Insekten, Honigtau, Nektar, Pflanzensamen sowie Aas.
Vorkommen Sonnige Waldränder, gern Nadelwälder.

TYPISCH Auch wenn man es auf den ersten Blick nicht vermutet: Ameisen gehören zu den Fluginsekten. Doch nur die Männchen und junge Königinnen bilden zur Paarung Flügel aus. Die Männchen sterben nach dem Hochzeitsflug und die begattete Königin verliert ihre Flügel für immer. Die Rote Waldameise ist eine hügelbauende Ameisenart. Ihr Nest besteht aus einem oberirdisch sichtbaren Hügel und einem unterirdischen Gangsystem. Im Zentrum befindet sich oft ein alter Baumstumpf. Ihre bis zu 2 m hohen Nesthügel bauen die Völker gern an sonnigen Orten. Durch Verschließen und Öffnen der vielen Eingänge im Hügel wird das Klima für den Nachwuchs optimal feucht-warm gehalten. Um beste Bedingungen für eine gute Entwicklung sicherzustellen, tragen Arbeiterinnen Eier, Larven und

↑ Arbeiterinnen sind stets aufmerksam und verteidigen ihr Nest aktiv mit Säure oder ihren Mundwerkzeugen gegen Feinde, wenn es nötig ist.

Puppen auch umher. Im Ameisenstaat herrscht klare Arbeitsteilung. Die Königin legt nur Eier und die Männchen leben nur für die kurze Paarungszeit. Die Arbeiterinnen verrichten unterschiedliche Aufgaben. Manche pflegen die Eier und füttern die Larven. Andere bewachen und schützen den Hügel, tragen Futter heran oder suchen neue Nahrungsquellen. Mit ihren kräftigen Mundwerkzeugen und der Säure, die sie aus dem Hinterleib abgeben können, sind sie auch sehr wehrhaft. Waldameisen verbessern Waldböden. Mit ihren Gängen sorgen sie für eine gute Durchlüftung und verbessern so z. B. das Wurzelwachstum und die Wasserspeicherfähigkeit. Außerdem verbreiten sie auch Pflanzensamen und sind für Pflanzen wie z. B. den Hohlen Lerchensporn sehr wichtig.

Ameisen betreiben für eine optimale Versorgung ihres Nests einen regelrechten Straßenbau rund um ihren Nesthügel.

❶ Gemeine Florfliege

Chrysoperla carnea

STECKBRIEF Länge 15 mm • Schlanker Körper, im Sommer hellgrün, im Winter gelbbraun • Transparente Flügel überragen den Körper, lange Fühler • Lebt in Gärten, Parks, Wäldern und Wiesen • Larve frisst v. a. Blattläuse (bis zur Verpuppung ca. 500 Stück, gilt als Nützling), die Fliege lebt von Pollen, Nektar und Honigtau, sie überwintert gern in Häusern.

❷ Ohrwurm

Forficula auricularia

STECKBRIEF Länge 10–15 mm • Körper braun glänzend bis rötlich, Beine heller • Kräftige Zangen am Hinterleib, die der Weibchen sind dünner und gerader • Frisst u. a. Blattläuse und Pflanzenteile • Lebt in Wäldern, Wiesen, Gärten und Parks • Hat verkleinerte Flügel (nicht flugfähig) • Mit den Zangen wird Beute gegriffen, aber für Menschen sind Ohrwürmer harmlos • Besonderheit: Das Weibchen bewacht seine Eier bis die Larven schlüpfen.

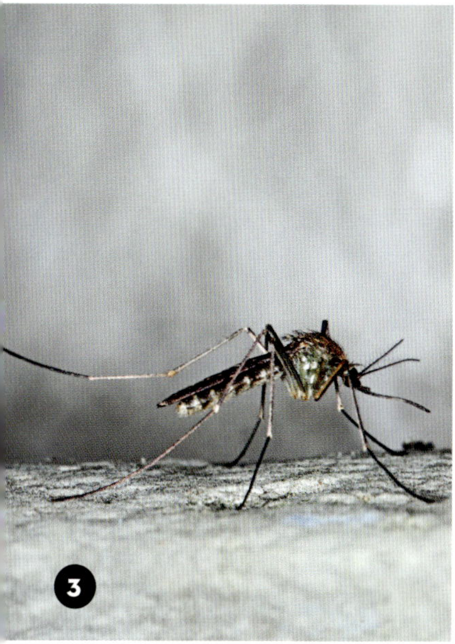

3 Gemeine Stechmücke 075

Culex pipiens

STECKBRIEF Länge 3,5–5 mm • Körper graubraun, Hinterleib gebändert • Langer Saugrüssel, Fühler des Männchens gefächert • Weibchen saugen für die Reifung ihrer Eier Blut von Vögeln oder Säugetieren, Männchen Nektar oder Pflanzensaft • Lebt in Gewässernähe, die Larven entwickeln sich im Wasser • Dank Wärme und Geruch findet das Weibchen seine Opfer auch nachts.

4 Kohlschnake

Tipula oleracea

STECKBRIEF Länge 25–30 mm, Spannweite bis 50 mm • Körper hellbraun bis grauschwarz, Flügel abgerundet und transparent • Beine sehr lang, mit Sollbruchstellen zum Flüchten • Hinterleib des Weibchens spitz auslaufend, beim Männchen stumpf bis verdickt • Sticht nicht • Lebt wassernah in Wäldern, Wiesen und Gärten • Larven fressen Pflanzenwurzeln und tote Pflanzenteile, ausgewachsene Tiere saugen Pflanzensäfte und Nektar.

1 Stubenfliege

Musca domestica

STECKBRIEF Länge 6–9 mm • Hinterleib gelblich mit dunkler Zeichnung • Zwei transparente Flügel, große rote Facettenaugen, insgesamt behaart • Lebt v. a. in Menschennähe • Frisst alles, gern Nahrungsmittel von Menschen, aber auch Kot und Aas • Feste Nahrung wird mit Speichel eingeweicht • Wichtige Bestäuberin für Blütenpflanzen und Beute für Singvögel.

2 Schmeißfliege

Calliphora vicina

STECKBRIEF Länge 7–12 mm • Hinterleib metallisch-blau glänzend, insgesamt blauschwarz • Große Facettenaugen, transparentes Flügelpaar • Brummgeräusch beim Fliegen • Frisst v. a. verwesende Pflanzen und Tiere • Weibchen legen Eier oft direkt in die Nahrungsquelle • Überträgt leicht Krankheiten, weil sie sowohl auf Nahrungsmitteln als auch auf Abfällen vorkommt, ist aber wichtig für den Abbau von toten Pflanzen und Tieren.

Auch wenn sie Bienen und Wespen gleicht: Die Hainschwebfliege hat nur ein Flügelpaar. ⟶

Hain-Schwebfliege

Episyrphus balteatus

Merkmale Länge 7–12 mm. Große, rote Facettenaugen, Halsschild dunkelgrün glänzend, Hinterleib gelb mit schwarzen Streifen. Behaart, 2 transparente Flügel.
Nahrung Nektar von Blütenpflanzen, aber auch Baumsäfte.
Vorkommen Sonnige Wälder, Waldränder, Wiesen und Gärten.

TYPISCH Bekannt ist die Art für ihren schwebenden Flug, z. B. vor Blüten. Dabei schlagen ihre Flügel ca. 300 Mal pro Sekunde. Auf den ersten Blick erinnert sie an eine Wespe. Die Hainschwebfliege ist aber völlig harmlos und hat keinen Stachel. Ihr Aussehen dient dazu, Feinde abzuschrecken.

Als „Wanderinsekt" zieht die Hainschwebfliege im Herbst nach Süden ans Mittelmeer und kehrt erst im Frühling wieder zurück.

Die Honigbiene sticht nur bei äußerster Gefahr, ⟶
denn beim Stich in die Haut wird sie tödlich verletzt.

Honigbiene 076

Apis mellifera

Merkmale Länge 11–18 mm. Körper, Beine und Facettenaugen braun, gelbe Ringe am Hinterleib, gelbliche Behaarung, 4 transparente Flügel.
Nahrung Nektar und Pollen.
Vorkommen Blütenreiche Wälder, Wiesen, Parks und Gärten.

TYPISCH Die Honigbiene ist inzwischen ein „Haustier", das Menschen seit Jahrtausenden zur Gewinnung von Honig und Wachs nutzen. Sie lebt in hochgradig organisierten Staaten aus einer Königin und bis zu 50 000 Arbeiterinnen mit verschiedenen Aufgaben. Männchen („Drohnen") dienen nur der Begattung von Jungköniginnen. Ein Teil der Arbeiterinnen sammelt Nektar von Blütenpflanzen und Bäumen. Dabei erfüllen sie eine wichtige Rolle als Bestäuber. Dem Nektar entziehen die Bienen Wasser, um ihn zu haltbarem Honig zu machen. Als Wintervorrat lagern sie ihn neben Pollen in sechseckige Waben aus Wachs ein. Mit besonderen Tänzen zeigen die Flugbienen ihren Artgenossinnen die Entfernung und Richtung zu Futterquellen an.

Auch Hummeln lagern Pollen und Nektar für ihren Nachwuchs in Waben ein. →

Dunkle Erdhummel 077

Bombus terrestris

Merkmale Länge Arbeiterin ca. 16 mm, Königin bis 23 mm. Schwarz behaart, zwei gelbe Binden, Hinterleib am Ende weiß. Wie Honigbiene 4 transparente Flügel.
Nahrung Nektar und Pollen.
Vorkommen Wiesen, Gärten, Parks und lichte Wälder.

TYPISCH Dunkle Erdhummeln bilden ähnlich wie Honigbienen Staaten aus einer Königin mit 300–600 Hummeln. Ihre Nester bauen sie unterirdisch – gern in verlassenen Mäusenestern. Dank ihres kräftigen Körpers mit starken Muskeln und dichter Behaarung erträgt das Insekt auch Temperaturen unter 10° C und ist schon früh im Jahr aktiv.

Friedliches Gemüt: Ihren Stachel setzen Hummeln erst dann ein, wenn sie sich sehr bedroht fühlen.

❶ Gewöhnliche Wespe 078

Vespula vulgaris

STECKBRIEF Länge 11–19 mm • Schwarz-gelb geringelt • Sehr anpassungsfähig • Frisst Nektar, Honigtau, Pflanzensäfte, Insektenlarven oder Aas • Baut aus Holzfasern und Speichel ein pergamentartiges Nest • Oft lästig wegen ihrem Appetit auf Lebensmittel, ist aber sehr nützlich (Nahrung für Vögel, verwertet Aas, bestäubt Pflanzen, fängt u. a. Mücken) • Kann mehrfach stechen.

❷ Hornisse 079

Vespa crabro

STECKBRIEF Länge 18–35 mm • Körper schwarz-gelb, Hinterkopf und Brust rotbraun • Frisst Fallobst, Pflanzensäfte und andere Insekten • Lebt in Wäldern und Siedlungen • Baut Nester wie die Gewöhnliche Wespe, häufig in hohlen Bäumen • Extrem guter Insektenjäger, pro Volk bis zu 500 g täglich • Viel friedlicher als Wespen, solange sie sich nicht bedroht fühlen (Nest meiden) • Ihr Stich ist nicht stärker als der einer Wespe.

In naturnahen Gärten mit Totholz und langen Gräsern fühlen die Nützlinge sich wohl. →

Schlupfwespen

Ichneumonidae spec.

Merkmale Länge 0,3–50 mm. Schlanker Körper, 4 transparente Flügel, lange Fühler, Weibchen mit langem Legestachel am Hinterleib. Einzelne Arten können sehr unterschiedlich aussehen.
Nahrung Nektar, Pollen und Honigtau.
Vorkommen Waldränder, Gebüsche, Parks und Gärten.

TYPISCH Zur Familie der Schlupfwespen zählen sehr viele Arten. Alle von ihnen nutzen andere Insekten für die Entwicklung ihrer Nachkommen. Weibchen legen ihre Eier mithilfe des Legestachels in die Larven von z. B. Schmetterlingen oder Käfern. Die geschlüpften Larven ernähren sich dann von ihrem „Wirt“, in den das Ei gelegt worden ist. Der Wirt stirbt dadurch ab („Parasitismus“). Auf diese Weise kontrollieren Schlupfwespen viele Insektenbestände sehr erfolgreich. Sie gelten als bedeutsame Nützlinge, die auch bewusst zur biologischen Schädlingsbekämpfung eingesetzt werden. Schlupfwespen haben keinen echten Stachel und sind für Menschen ungefährlich.

❶ Gemeiner Grashüpfer 080

Chorthippus parallelus

STECKBRIEF Länge bis 22 mm • Meist grün mit brauner Oberseite • Fühler kurz, Hinterbeine lang und kräftig, Flügel eng anliegend und beim Weibchen verkürzt • Ab Juni auf unterschiedlichsten Wiesen, auch in Gärten • Frisst v. a. Gräser • Springt gut, kann meist nicht fliegen • „Gesang" des Männchens entsteht durch Reiben der gezähnten Hinterbeine an der Flügeldecke.

❷ Grünes Heupferd 081

Tettigonia viridissima

STECKBRIEF Länge bis 42 mm • Vollständig grün • Hinterbeine lang und dick, Fühler lang, Flügel ragen über den Körper hinaus, Weibchen mit dornartiger Legeröhre am Hinterleib • Frisst v. a. andere Insekten, Larven und Pflanzen • Lebt auf sonnigen Wiesen, Trockenrasen, an Wegrändern und in Gärten • Springt und fliegt sehr gut • Männchen „zirpen" • Die Larven von Heuschrecken sehen ausgewachsenen Tieren schon sehr ähnlich.

Grüne Stinkwanze

Palomena prasina

Merkmale Länge 12–14 mm. Im Sommer grün mit feinen dunklen Punkten, im Winter bräunlich. Ovale Form, hinten zugespitzt.
Nahrung Unterschiedliche Pflanzenarten, z. B. Himbeeren, Brennnesseln, Obstgehölze und auch Linden.
Vorkommen Wiesen, Waldränder, Gärten.

TYPISCH Mit ihrem Saugrüssel saugt die Wanze ihre Nahrung auf. Dabei leitet sie durch eine Röhre einen zersetzenden Verdauungssaft in die Pflanze ein. Durch eine zweite Röhre nimmt sie dann den Pflanzensaft auf. Die Tiere sind harmlos, können bei Gefahr aber eine stark stinkende Flüssigkeit absondern. Ausgewachsene Tiere überwintern gern in Gebäuden.

Früchte, an denen eine Wanze gesaugt hat, bekommen durch den eingeleiteten Speichel leider einen üblen Geschmack.

❶ Große Königslibelle

Anax imperator

STECKBRIEF Länge 90–110 mm • Brust grün, Hinterleib beim Männchen blau mit schwarzer Zeichnung, beim Weibchen blaugrün mit brauner Zeichnung • Frisst Fliegen, Mücken und andere Libellen • Lebt an Teichen und Seen, jagt aber auch entfernt davon • Männchen haben Reviere, die sie stark verteidigen • Larven leben im Wasser und brauchen 1–2 Jahre für ihre Entwicklung.

❷ Blaugrüne Mosaikjungfer

Aeshna cyanea

STECKBRIEF Länge 90–110 mm • Brust gelbgrün und schwarz, oberseits ovale grüne Flecken. Hinterleib des Männchens schwarz mit grünen und blauen Flecken, beim Weibchen braunschwarz und grün • Große Facettenaugen, Körper lang und schlank, 4 transparente Flügel • Frisst v. a. Mücken und Fliegen • Lebt an verschiedensten Gewässern • Kann wie alle Libellen auf der Stelle und rückwärts fliegen • Die Larvenentwicklung dauert 2–3 Jahre.

Mit ihren großen Saugzangen vergiften Ameisenlöwen ihre Beute und saugen sie anschließend aus. →

Ameisenjungfer

Myrmeleon formicarius

Merkmale Länge 40 mm. Körper lang und dunkel, Fühler kurz, 4 transparente Flügel.
Nahrung Kleine Insekten, v. a. Blattläuse.
Vorkommen Lichte Wälder, Waldränder, auch Gärten. Bevorzugt sandige Gebiete.

TYPISCH Die Ameisenjungfer sieht aus wie eine kleine Libelle, sie hat aber viel kleinere Augen und ihre Larven leben nicht im Wasser. Ausgewachsene Tiere sind selten zu sehen, denn sie jagen in der Dämmerung oder nachts. Am Tag sitzen sie meist versteckt und mit angelegten Flügeln an Pflanzenstängeln. Die als Ameisenlöwe bekannte Larve sucht sich für ihre Entwicklung eine trockene Stelle im Sandboden. Sie lebt etwa 2 Jahre verborgen am Grund eines trichterförmigen Lochs, das sie selbst gräbt. Dort fängt sie mit ihren ausgeprägten Mundwerkzeugen z. B. Ameisen, die in den Trichter fallen. Sich nähernde Beutetiere bewirft der Ameisenlöwe auch mit Sandkörnern, damit sie in den Trichter rutschen.

❶ Zitronenfalter

Gonepteryx rhamni

STECKBRIEF Spannweite 50–60 mm • Leuchtend gelb mit kleinen rötlichen Punkten, Weibchen blasser • Flügel zipfelartig ausgezogen • Futterpflanzen der Raupen v. a. Faulbaum und Kreuzdorn, Falter saugt Nektar • Tagaktiv, in Wäldern, auf Wiesen, in Siedlungen • Falter langlebig (bis 11 Monate) • Falter überwintert dank körpereigenem Frostschutzmittel draußen.

❷ Großer Kohlweißling

Pieris brassicae

STECKBRIEF Spannweite 50–60 mm • Flügel weiß bis gelb, oft grau bestäubt, schwarze Flügelspitzen, Weibchen zudem mit 2 schwarzen Punkten • Raupe frisst Kohlpflanzen, Falter saugt Nektar • Tagaktiv auf Wiesen und Äckern • Bis zu 3 Generationen pro Jahr • Überwinterung als Puppe, Falter von April bis Oktober aktiv • Bei Gärtnern und Landwirten ist die Art unbeliebt, wobei Entwicklung und damit Schäden stark temperaturabhängig sind.

❸ Hauhechel-Bläuling

Polyommatus icarus

STECKBRIEF Spannweite 25–34 mm • Männchen oberseits leuchtend blau mit schwarzer Umrandung, Unterseite graubraun mit schwarzen und orangefarbenen Flecken, Weibchen unscheinbarer • Raupen fressen v. a. an Klee-Arten, Falter saugen Nektar • Anspruchslos, in trockenem bis feuchtem offenen Land • 2–3 Generationen pro Jahr, Falter von April bis September aktiv.

❹ Taubenschwänzchen

Macroglossum stellatarum

STECKBRIEF Spannweite 36–50 mm • Vorderflügel braun, Hinterflügel orange • Fühler lang und dick, langer Saugrüssel, Körper kompakt, Hinterleib fransig, Gestalt erinnert insgesamt an einen Vogel • Lebt in milden Regionen, oft in blütenreichen Gärten und Parks • Falter saugen tagsüber im Schwirrflug schwebend an großen Blüten Nektar • Im Herbst Wanderungen in den Mittelmeerraum, Rückkehr im Frühling, neue Falter ab Juni.

Die Männchen des Kleinen Nachtpfauenauges ⟶
sind eher bräunlich bis rötlich gefärbt.

Tagpfauenauge

Inachis io

Merkmale Spannweite 50–60 mm. Körper braun, Flügel oberseits auffällig rostrot mit brauner und schwarzer Zeichnung. Je Flügel ein blaugelber oder blauer Augenfleck.
Nahrung Falter: Nektar, Raupen: Brennnesseln.
Vorkommen Parks und Gärten.

TYPISCH Die „Augen" auf den Flügeln dieses Tagfalters täuschen die Augen von Raubtieren vor und sollen Fressfeinde (Vögel) abschrecken. Tagpfauenaugen besuchen häufig violette Blüten, während ihre Raupen ausschließlich von Brennnesseln leben. Der Falter überwintert z. B. auf Dachböden oder in Kellern. Er verlässt sein Versteck bei milden Temperaturen. Das **KLEINE NACHTPFAUENAUGE** *(Saturnia pavonia)* ist der Namensvetter des Tagpfauenauges, weil es ebenfalls Augenflecken auf den Flügeln hat. Die schwarz-weißen Weibchen sind nachtaktiv. Sie sitzen tagsüber am Boden und locken die tagaktiven Männchen mit Duftstoffen an. Ausgewachsene Falter können keine Nahrung aufnehmen und leben nur wenige Tage.

❶ Admiral

Vanessa atalanta

STECKBRIEF Spannweite 50–60 mm • Dunkelbraun mit orangeroten Binden und weißen Flecken • Falter saugt Nektar und Saft von Fallobst, die Raupen fressen Brennnesseln • Weit verbreitet in Wäldern, Parks und Gärten • Raupen spinnen Brennnesselblätter tütenförmig zusammen und verpuppen sich darin • Früher überwinterten die Falter im Süden, heute dank milder Winter bei uns.

❷ Kleiner Fuchs

Aglais urticae

STECKBRIEF Spannweite 40–50 mm • Körper braun, Flügel oberseits orange mit gelben und schwarzen Flecken, Hinterflügel am Rand mit blauen Flecken • Falter saugt Nektar, Raupen fressen v. a. Brennnesseln • Weit verbreitet, lebt oft in Gärten und dort, wo Brennnesseln wachsen • Falter überwintert an geschützten Orten, Überwinterung kann an warmen Wintertagen unterbrochen werden • Vögel fressen eher die Puppen als die Raupen.

SCHMETTERLINGSRAUPEN UND IHRE FUTTERPFLANZEN

↓ **Hauhechel-Bläuling-Raupen** *(Polyommatus icarus)*: fressen bevorzugt Hornklee *(Lotus corniculatus)*, der vor allem an mageren Standorten wächst.

↓ **Aurorafalter-Raupen** *(Anthocharis cardamines)*: mögen am liebsten Blüten und Samen der Knoblauchsrauke *(Alliaria petiolata)*.

↑ **Raupen des Kleinen Fuchs** *(Aglais urticae)*: verraten schon mit ihrem wissenschaftlichen Namen die Große Brennnessel *(Urtica dioica)* als ihre liebste Futterpflanze.

↑ **Distelfalter-Raupen** *(Vanessa cardui)*: fressen neben der Kohl-Kratzdistel *(Cirsium oleraceum)* auch noch weitere Distelarten.

↓ **Schwalbenschwanz-Raupen** *(Papilio machaon)*: mögen alle Teile der Wilden Möhre *(Daucus carota)*, besonders aber die Blüten und Samen.

↓ **Raupen des Kleinen Perlmuttfalters** *(Issoria lanthonia)*: sind stachelig und meist auf Acker-Stiefmütterchen *(Viola arvensis)* zu finden.

↑ **Raupen des Großen Kohlweißlings** *(Pieris brassicae)*: fressen neben Kohl an Kapuzinerkresse *(Tropaeolum majus)* – ein gutes Futter, um vom Kohl abzulenken.

↑ **Waldbrettspiel-Raupen** *(Pararge aegeria)*: fressen an Hain-Rispengras *(Poa nemoralis)* und zählen zu den Raupen, die auf Gräser spezialisiert sind.

❶ Große Winkelspinne

Eratigena atrica

STECKBRIEF Länge 12–18 mm, Beine dreimal so lang wie der Körper • Übersät mit feinen Tasthaaren, Körper schwarzbraun mit brauner Zeichnung, Beine braun • Lebt in Spalten und Nischen von Häusern, mag Wärme • Frisst v. a. Fliegen, Mücken und Asseln • Spinnt trichterförmigen Unterschlupf und lauert dort Beutetieren auf, die sie mit Gift tötet • Kann sehr schnell laufen.

❷ Große Zitterspinne

Pholcus phalangioides

STECKBRIEF Länge 7–12 mm, Beine bis 50 mm • Gräulich weiß gefärbt, braune Flecken an den Beingelenken • Hinterleib viel größer als Kopf- und Brustbereich • Lebt gern in stillen Ecken von Wohnungen • Frisst v. a. Fliegen, Asseln und oft Große Winkelspinnen, die sie fängt und einspinnt • Spinnt teils große, ungeordnete Netze z. B. unter Zimmerdecken • Zittert bei Störung oder Bewegung des Netzes, um Feinde zu irritieren.

❸ Zebraspringspinne

Salticus scenicus

STECKBRIEF Länge bis 7 mm • Markant schwarz-weiße Färbung • Behaart, Beine dick und kurz, insgesamt kompakt • Frisst Fliegen und Käfer • Kann gut sehen, schleicht sich an Beute heran und überrascht sie mit einem zielsicheren Sprung (gesichert mit einem Faden) • Lebt häufig an sonnigen Mauern, Stein- oder Holzhaufen • Stockender Gang, springt bei Gefahr.

❹ Gartenkreuzspinne

Araneus diadematus

STECKBRIEF Länge bis 18 mm • Bräunlich mit dunkler Bänderung, hell behaart, weiße Punkte bilden auf dem ovalen Hinterleib ein Kreuz • Frisst v. a. fliegende Insekten und Blattläuse • Häufig in Wäldern, Parks und Gärten • Lauert im Sommer und Herbst am Rand ihres radförmigen Netzes auf Beute • Sich verfangende Insekten werden eingewickelt, betäubt und verspeist • Das Weibchen legt im Herbst Eier in einem Kokon ab und stirbt anschließend.

❶ Trauerwolfspinne

Pardosa lugubris

STECKBRIEF Länge bis 7 mm • Dunkelbraun, hellbraun behaart, Weibchen mit hellbraunem Streifen auf dem Vorderköper • An sonnigen Stellen z. B. in Wäldern und Gärten • Frisst Blattläuse und Insekten • Kann gut sehen und jagt bodennah • Das Weibchen trägt seine Eier in einem hellen Kokon bei sich, geschlüpfte Jungspinnen sitzen anfangs auf dem Hinterleib der Mutter.

❷ Rote Samtmilbe

Trombidium holosericeum

STECKBRIEF Länge bis 4 mm • Leuchtend rot gefärbt, samtig behaart, großer Hinterleib oval und etwas uneben, acht Beine (Milben sind Spinnentiere) • Lebt am Erdboden, in Falllaub, auf Mauern oder bodennah z. B. an Bäumen • Die Larven sitzen auf Insekten und ernähren sich von deren Körperflüssigkeit, ausgewachsene Milben fressen kleinere Tiere, z. B. Blattläuse, Insekteneier und Aas • Sehr wichtig für ein intaktes Bodenleben.

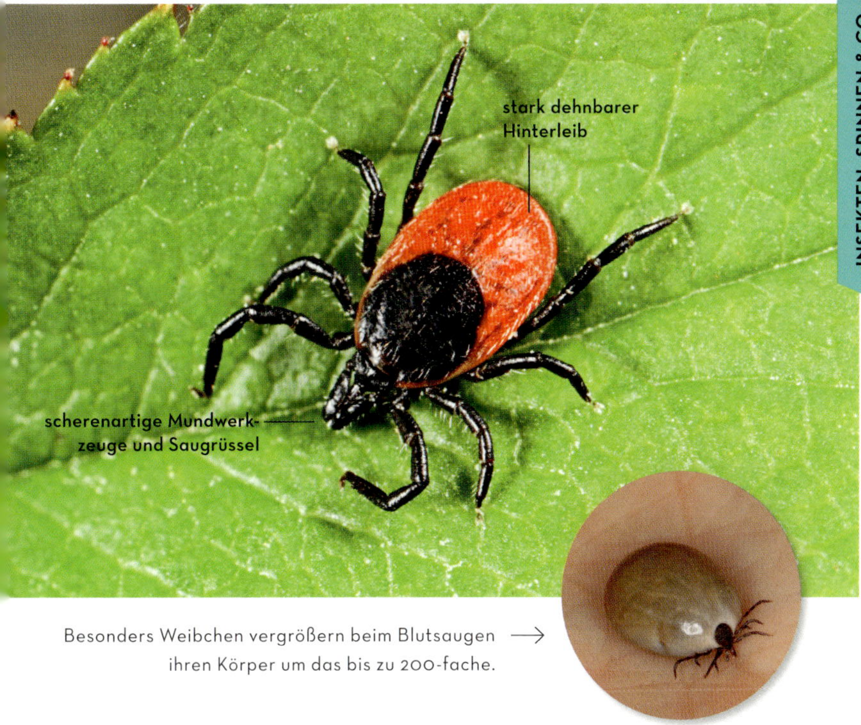

Besonders Weibchen vergrößern beim Blutsaugen ihren Körper um das bis zu 200-fache. ⟶

Gemeiner Holzbock

Ixodes ricinus

Merkmale Länge bis 4 mm, Körper oval mit 8 schwarzen Beinen und schwarzem Rückenschild, Hinterleib rötlich oder dunkel.
Nahrung Blut von Säugetieren, Vögeln, Eidechsen und Menschen.
Vorkommen Feuchte Wälder, Wald- und Wegränder, auch Wiesen, Parks und Gärten.

TYPISCH Der Holzbock ist unsere häufigste Zeckenart und zählt zu den Spinnentieren. Seine Larven benötigen Blut für ihre Entwicklung zur ausgewachsenen Zecke, die Weibchen nochmals für die Eiablage. Meist lauern Zecken in Knie- und Hüfthöhe auf Gräsern und anderen Pflanzen. Wirte erkennen sie mit einem Duft-Sinnesorgan an der Spitze ihrer Vorderbeine. Bei passender Gelegenheit lassen sie sich fallen. Den Stich bemerkt das Opfer durch Betäubungsmittel im Speichel der Zecke meist nicht. Mit einer Blutmahlzeit können Zecken problemlos ein Jahr überleben. Da Krankheitserreger übertragen werden können, sollte man die Einstichstelle unbedingt beobachten.

❶ Mauerassel

Oniscus asellus

STECKBRIEF Länge bis 18 mm • Graubraun glänzend mit kleinen weißen Punkten, am Rand heller • Körper oval und aus mehreren Gliedern bestehend, 14 Beine • Nachtaktiv, in feuchten Ecken von Gärten, Gebäuden und Kellern • Versteckt sich oft unter Steinen oder Laub • Frisst abgestorbene Pflanzenteile und erfüllt damit eine wichtige Funktion als Zersetzer.

❷ Kellerassel

Porcellio scaber

STECKBRIEF Länge bis 15 mm • Körperbau wie die Mauerassel, aber einfarbiger grau und eher matt • Lebt versteckt in Kompost, unter Laub und Steinen sowie in Kellern • Frisst abgestorbene Pflanzen und fördert damit Nährstoffkreisläufe • Die Larven sind winzig und transparent, sehen aber schon aus wie die erwachsenen Tiere • Asseln zählen zu den Krebstieren und atmen mit Kiemen an den Beinen, die ständig feucht bleiben müssen.

3 Schwarzer Schnurfüßer

Tachypodoiulus niger

STECKBRIEF Länge 20–50 mm • Oberseite schwarz glänzend, viele kurze und helle Beine • Wurmartig, 41–56 Körpersegmente, 2 Beinpaare je Segment • Nachtaktiv in Höhlen, auf Waldböden und an Baumstämmen • Frisst v. a. abgestorbene Pflanzenteile • Schreckt Feinde mit übel riechendem Sekret ab • Nützlich, weil er u. a. den Boden durchlüftet und durchmischt.

4 Gemeiner Steinläufer

Lithobius forficatus

STECKBRIEF Länge 20–32 mm • Oberseite dunkelbraun glänzend • Körper flach, 15 Körpersegmente mit je 1 Beinpaar, vordere Beine kürzer, hintere länger, Fühler lang • Nachtaktiv in Wäldern, offenen Landschaften und Gärten • Jagt andere Gliederfüßer, Würmer und Insekten • Mit Gift aus einem umgebildeten Beinpaar am Kopf lähmt und tötet er Beutetiere oder verteidigt sich. Für Menschen eventuell schmerzhaft, aber ungefährlich.

Weinbergschnecke

Helix promatia

Merkmale Breite 30–50 mm, Höhe 30–50 mm. Körper graubeige, Gehäuse rund und fast weiß bis hellbraun gefärbt.
Nahrung Abgestorbene und frische Teile verschiedener Pflanzen.
Vorkommen Schattige Wegränder, Gebüsche, Hecken und Gärten. Bevorzugt kalkreiche Böden und milde Regionen (Weinberge).

TYPISCH Unsere größte Land-Gehäuseschnecke ist tag- und nachtaktiv. Besonders an bedeckten Regentagen ist sie tagsüber zu sehen. Häuserschnecken tragen und erweitern ihr Haus aus Kalk lebenslang. Es ist lebenswichtig und schützt sie vor Feinden und Trockenheit. Die Weinbergschnecke ist eine gefährdete Art und steht unter Naturschutz.

„Schneckenkönig" nennt man Weinbergschnecken, deren Gehäuse linksherum gedreht sind. Meistens ist die Drehung nämlich rechtsherum.

Die sehr ähnliche Gartenschnirkelschnecke: Der Rand ihrer Gehäuseöffnung ist immer hell. →

Hainschnirkelschnecke

Cepaea nemoralis

Merkmale Breite 18–25 mm, Höhe 12–22 mm. Kugeliges Gehäuse mit gelber oder rötlicher Grundfarbe und bis zu 5 dunklen Bändern, manchmal auch schlicht einfarbig.
Nahrung Vor allem abgestorbene, aber auch frische Pflanzen.
Vorkommen Gebüsche, Gärten, lichte Wälder.

TYPISCH Die Gehäusefarben dieser Schneckenart sind äußerst vielfältig, der Grund dafür ist noch nicht abschließend untersucht. Ausgewachsene Hainschnirkelschnecken überwintern in frostfreiem Boden. Die Paarung findet im Frühling und Spätsommer statt. Zu ihren Feinden gehören besonders Drosseln. Diese schlagen die Schnecken in „Drosselschmieden" auf Steine und zertrümmern so ihre Häuser, um die Schnecke zu fressen. Die **GARTENSCHNIRKELSCHNECKE** *(Cepaea hortensis)* ist ähnlich häufig und leicht mit der Hainschnirkelschnecke zu verwechseln. Das markanteste Unterscheidungsmerkmal ist der helle Rand ihrer Gehäuseöffnung. Dieser ist bei der Hainschnirkelschnecke stets dunkel.

Gefleckte Schnirkelschnecke

Arianta arbustorum

Merkmale Breite 14–28 mm, Höhe 10–22 mm. Haus rundlich und braun mit unregelmäßigen gelblichen Flecken. Oft verläuft mittig ein braunes Band. Der Rand der Gehäuseöffnung ist weiß.
Nahrung Frische Pflanzenteile, auch Aas.
Vorkommen Feuchte Wälder, Hecken, Wiesen.

TYPISCH Wie sehr viele Schnecken ist die Gefleckte Schnirkelschnecke männlich und weiblich zugleich – sie ist also zwittrig. Auf ihrem Schleim kommt sie nur langsam voran und trifft selten auf potenzielle Partner. Da jedoch alle Artgenossen für die Paarung infrage kommen, ist die Fortpflanzungschance höher.

Flucht vor Trockenheit: Wird es am Boden zu warm, klettern Häuserschnecken gern etwa 1 m hoch auf Baumstämme.

Spanische Wegschnecken fressen auch tierische Nahrung - sogar Artgenossen. →

Rote Wegschnecke

Arion rufus

Merkmale Länge 10–15 cm. Körper vorn glatt, hinten runzelig. Seitlich großes Atemloch. Oberseite variiert von dunkelbraun bis rötlich orange, Unterseite grau.
Nahrung Vor allem Laub, frische und tote Pflanzenzeile, Pilze und Aas.
Vorkommen Wälder, Wiesen, Parks und Gärten.

TYPISCH Schleimdrüsen unter dem Fuß sorgen für eine ausreichend dicke Schleimspur, auf der sich Schnecken fortbewegen können. Bei drohender Gefahr kann die Rote Wegschnecke einen extrem klebrigen, übelriechenden Schleim absondern, der Feinde am Fressen hindern soll. Diese Schneckenart hat großen Appetit und gilt bei Gärtnern und Landwirten als Schädling, weil sie große Fraßschäden an jungen Pflanzen anrichtet. Seit einiger Zeit wird sie aber von der noch schädlicheren **SPANISCHEN WEGSCHNECKE** *(Arion vulgaris)* verdrängt. Bei der Bekämpfung sollte man biologische Methoden wählen, denn die Bekämpfung mit Giftkörnern ist nachteilig für Tiere, die Nacktschnecken fressen wie z. B. Igel und Frösche.

❶ Tigerschnegel

Limax maximus

STECKBRIEF Länge 10–15 cm • Grau oder beige mit schwarzen Flecken, die weiter hinten zu länglichen Streifen werden • In Wäldern, Gärten und Parks • Frisst tote Pflanzen, Pilze sowie andere Nacktschnecken und deren Eier, gilt als Nützling • Lassen sich zur Paarung von einem hohen Punkt an einen Schleimfaden herab und paaren sich eng umschlungen in der Luft hängend.

❷ Schwarzer Schnegel

Limax cinereoniger

STECKBRIEF Länge 10–20 cm • Unsere größte heimische Nacktschnecke • Grau bis schwarz, Mantelschild oft noch dunkler abgesetzt, manchmal mit hellem Strich auf dem Rücken • Erkennungsmerkmal ist der immer dunkel gefärbte Sohlenrand • Lebt v. a. in Laubwäldern und ist kaum in Kulturlandschaften anzutreffen • Frisst Pflanzen, Pilze, Algen und morsches Holz • An frostfreien Orten überwintern sowohl Eier als auch ausgewachsene Tiere.

Fadenwürmer sind oft winzig und schlängeln sich durch das Sickerwasser im Boden. →

Regenwurm · Tauwurm

Lumbricus terrestris

Merkmale Länge 20–30 cm. Hell rosafarben bis dunkel rötlich. Viele helle Ringe trennen die einzelnen Körpersegmente. Geschlechtsreife Tiere mit verdicktem Gürtel im vorderen Drittel.
Nahrung Abgestorbene Pflanzenteile und Falllaub.
Vorkommen In feuchten Böden von Wäldern, Äckern und Gärten.

TYPISCH Der Regenwurm gräbt bis zu 2 m tiefe Röhren mit mehreren Seitenzweigen in die Erde. Nachts zieht er Blätter von der Erdoberfläche in den Boden und frisst und verdaut sie. Manchmal sieht man auch am Tag eingerollte Blätter im Boden stecken. So beschleunigt er die Verrottung toter Biomasse und verteilt Nährstoffe im Boden. Bei Regenwetter sieht man die Würmer auch an der Erdoberfläche kriechen. **NEMATODEN** (*Nematoda*) oder Fadenwürmer sind ebenfalls wichtige Zersetzer im Boden und bilden eine der artenreichsten Tiergruppen. Manche Nematoden leben parasitisch. Solche meist nur 2 mm große Arten setzen Gärtner gern als Gegenspieler gegen Schädlinge wie z. B. Dickmaulrüssler ein.

Klatschmohn entwickelt sehr viele Staubblätter - rund 160 Stück je Blüte.

Klatsch-Mohn

Papaver rhoeas

Merkmale Höhe 30–90 cm. Blütezeit Mai bis Juli. Langer Stängel mit borstiger Behaarung. Knospen hängen herab, doch die leuchtend rote Blüte steht aufgerichtet auf dem Blütenstiel. Samtartige, zarte Blütenblätter mit dunklem Fleck. Sehr viele dunkle Staubblätter umgeben eine hellgrüne Narbe.
Vorkommen Magere Standorte wie Getreidefelder, Ödland, Straßen- und Wegränder.

TYPISCH Klatsch-Mohn produziert sehr viel Pollen. Unterschiedlichste Insekten schätzen ihn als wertvolle Nahrungsquelle. Wird die Pflanze verletzt, tritt ein giftiger weißer Milchsaft aus. Mohn mag dieselben Standorte wie unsere Getreide, weshalb er oft in Getreidefeldern vorkommt.

In der Vase bleiben Mohnblüten bis zu 4 Tage schön, wenn man das Stängelende für ca. 10 Sekunden in heißes Wasser hält oder abflammt.

1

2

❶ Schmalblättriges Weidenröschen

Epilobium angustifolium

STECKBRIEF Höhe 60–120 cm • Blütezeit Juli bis August • Kleine Blüten mit 4 Blütenblättern in einer Traube am Stängelende, Laubblätter länglich • Winzige Samen sitzen in kantigen Samenständen und fliegen an weißen Haarbüscheln bis zu 10 km weit • Wächst mehrjährig an sonnigen, mageren Orten • Baumwollartige Samen wurden früher als Zunder verwendet.

❷ Rote Lichtnelke

Silene dioica

STECKBRIEF Höhe bis 80 cm • Blütezeit April bis September • Stängel weich behaart, Blüten rötlich rosa und bis 2,5 cm groß, 5 tief eingeschnittene Blütenblätter • Blütenkelch behaart und ballonartig, wegen seiner Tiefe gelangen nur Insekten mit langem Rüssel an den Nektar • Auf feuchten, nährstoffreichen Wiesen, in lichten Laubwäldern • Männliche und weibliche Blüten an getrennten Pflanzen • Wirkt u. a. entzündungshemmend.

Die vielen grünen Fiederblättchen stehen sich paarweise gegenüber.

Bunte Kronwicke

Securigera varia

Merkmale Höhe 30–60 cm. Blütezeit Juni bis August. Stängel kantig und hohl, liegen oft am Boden. Blätter bestehen aus 11–25 Fiederblättchen. Rosaweiße Blüten stehen zu 10–20 in Dolden.
Vorkommen Sonnige und kalkreiche Standorte. Gern Trockenrasen, Gebüsche und Wegränder.

TYPISCH Über austreibende Wurzeln verbreitet sich diese Hülsenfrucht teilweise großflächig. Ihre kleinen ovalen Fiederblättchen klappt die Pflanze nachts nach oben. Sie enthält Glykoside, die schwache bis starke Vergiftungen verursachen und zu Herzrhythmusstörungen führen können. An Hängen und Böschungen wird die Bunte Kronwicke wegen ihrer bis zu 1 m tief reichenden Wurzeln als Bodenbefestigung geschätzt.

Insekten bekommen an den Blüten der Kronwicke zwar reichlich Pollen, aber keinen Nektar.

In winzigen Knöllchen an den Wurzeln leben die stickstofffixierenden Knöllchenbakterien. →

Rot-Klee

Trifolium pratense

Merkmale Höhe 15–40 cm. Blütezeit Juni bis September. Verzweigte, lange Stängel. Laubblatt typisch dreigeteilt. Mehrere Blüten bilden einzelne Blütenköpfchen.
Vorkommen Vor allem Wiesen, Weiden und Äcker.

TYPISCH Die Wurzeln des Rot-Klees gehen eine Partnerschaft mit Bakterien ein, die Stickstoff aus der Luft für Pflanzen verfügbar machen können. Das versorgt die Pflanze mit zusätzlichen Nährstoffen und düngt gleichzeitig ihr Umfeld. Aus diesem Grund wird Rot-Klee häufig als Zwischenkultur auf Äckern angebaut. Er liefert außerdem gutes Futter für das Vieh. Frischen Rot-Klee kann man quetschen und zur Linderung von Insektenstichen einsetzen.

Bei den „drei" Kleeblättern handelt es sich eigentlich um nur ein Blatt, das aus drei Teilblättchen besteht.

Die Knolle des Alpenveilchens erinnert an eine Kartoffel, ist aber stark giftig! →

Europäisches Alpenveilchen

Cyclamen purpurascens

Merkmale Höhe 5–15 cm. Blütezeit Juni bis September. Blätter nieren- bis herzförmig, dunkelgrün mit hellen Flecken. Einzelne Blüten stehen nickend auf langen Stielen. Blütenblätter eng anliegend, Blüte duftend.
Vorkommen Kühle Laubwälder in Gebirgsregionen.

TYPISCH Das Alpenveilchen ist eine Knollenpflanze, d. h. die wichtigsten Nährstoffe der Pflanze sind im Winter in einer unterirdischen Knolle gespeichert. Im Frühling treibt die Pflanze daraus neu aus. Die Laubblätter des Alpenveilchens sind das ganze Jahr über sichtbar.

Bei der Verbreitung der Samen helfen Ameisen: Sie verschleppen die Samen wegen ihrer nahrhaften, ölhaltigen Hülle.

Der Kleine Sauerampfer trägt auch den Namen Zwerg-Sauerampfer. →

Großer Sauerampfer

Rumex acetosa

Merkmale Höhe 30–100 cm. Blütezeit Mai bis Juli. Pfeilförmige Blätter, die nur am Boden gestielt sind. Viele rötlich grüne Blüten, stehen in langen Rispen.
Vorkommen Wiesen, Weiden, Wegränder oder Flussufer. Nährstoffreiche, feuchte Böden.

TYPISCH Der Große Sauerampfer mag es sonnig bis halbschattig. Seine Blätter sind reich an Vitamin C und Eisen. Sie schmecken säuerlich und werden z. B. für Salate verwendet. Wegen ihres Oxalsäuregehalts können große Mengen aber auch giftig wirken. Das essbare Wildkraut wird auch als Zierpflanze geschätzt, breitet sich jedoch rasch aus und wird in Gärten manchmal lästig. Der **KLEINE SAUERAMPFER** *(Rumex acetosella)* ist zierlicher als sein großer Verwandter und wird nur ca. 30 cm hoch. Als anspruchslose Art zeigt er nährstoffarme, saure Böden an und bevorzugt trockene Standorte. Auch seine Blätter sind in Maßen essbar, am besten vor der Blüte. Über seine Wurzeln kann er sich weit ausbreiten.

Die Hain-Klette wird bis zu 2 m hoch und zeigt →
besonders nährstoffreiche Standorte an.

Große Klette

Arctium lappa

Merkmale Höhe 80–150 cm. Blütezeit Juli bis August. Viele Röhrenblüten bilden den purpurroten Schopf der Blütenkörbchen. Fruchtstände mit langen Widerhaken. Blattunterseite filzig.
Vorkommen Wege, Zäune und Schuttplätze. Lehmböden mit guter Wasser- und Nährstoffversorgung.

TYPISCH Neben den jungen Blättern sind auch die Wurzeln der Pflanze essbar. Sie können wie Schwarzwurzeln zubereitet werden. In Japan wird deshalb sogar eine „Gemüse-Klette" angebaut. Leicht zu verwechseln ist die Pflanze mit der **HAIN-KLETTE** *(Arctium nemorosum)*. Deren Blütenköpfchen sitzen aber auf deutlich kürzeren Stielen (ca. 2 cm).

Dank ihrer Widerhaken reisen Klettenfrüchte in Tierfell als blinde und manchmal lästige Passagiere mit. So wird die Pflanze verbreitet.

Die Pflanze breitet sich durch flugfähige Samen über weite Distanzen aus. →

Acker-Kratzdistel

Cirsium arvense

Merkmale Höhe 60–120 cm. Blütezeit Juli bis September. Die aufrechten Stängel sind glatt, an den buchtigen Blättern sitzen Stacheln. Viele rötliche bis violette Röhrenblüten bilden Blütenkörbchen, die oft in kleinen Gruppen zu je 1–5 stehen. Aus jeder Einzelblüte entwickelt sich eine flaumig behaarte Frucht.
Vorkommen Vor allem Wiesen, Ackerflächen und Wegränder. Mag nährstoffreiche Böden, in denen sie tief wurzeln kann.

TYPISCH Die Stacheln der eingebuchteten Blätter sind oben an der Pflanze weicher als in Bodennähe. Die Wurzeln der Acker-Kratzdistel können bis zu 3 m tief reichen und sind damit viel länger als die oberirdischen Stängel. In der Landwirtschaft ist diese häufige Distelart unbeliebt, denn sie breitet sich rasch aus. Ihre Früchte sind schon nach 4 Wochen reif und über Seitenwurzeln bilden sich neue Triebe. Insekten dagegen schätzen ihre Blütenkörbchen sehr, denn sie enthalten reichlich Nektar und Pollen.

WICHTIGE FELDFRÜCHTE

Aus verschiedenen Wildpflanzen haben Menschen im Lauf der Jahrtausende Kulturpflanzen gezüchtet – die Grundlage unserer Ernährung. Ein paar Beispiele: **Weizen** ist besonders zum Backen beliebt. Trotz hoher Standortansprüche hat diese Getreideart weltweit die größte Anbaufläche. **Roggen** verträgt auch das raue Klima im Norden und wird meist als Brotgetreide angebaut. Sein Mehl ist dunkler als das von Weizen. **Gerste** ist durch die sehr langen Härchen (Grannen) an ihren Körnern gut zu erkennen. Sie ist die am längsten kultivierte Getreideart. **Hafer** zählt zu den gesündesten und wohlschmeckendsten Getreidearten. Anstatt typischer Ähren bildet er verzweigte Rispen aus. **Mais** gibt es in vielen Sorten, z. B. Zuckermais als Lebensmittel, Futtermais für Tierfutter oder Energiemais für Biogasanlagen. **Rüben** sind energiereiche dicke Wurzeln. Es gibt u. a. Futterrüben für Tiere und Zuckerrüben zur Gewinnung von Kristallzucker. **Kartoffeln** Von ihnen sind nur die unterirdischen gelben Knollen essbar. Alle anderen Pflanzenteile sind giftig. **Raps** dient v. a. der Öl- und Biodiesel-Herstellung. Felder mit seinen gelben Blüten sind typisch für den Frühsommer, sein weißer Honig ist allgemein beliebt.

1 **Weizen** *(Triticum aestivum)*
2 **Roggen** *(Secale cereale)*
3 **Gerste** *(Hordeum vulgare)*
4 **Hafer** *(Avena sativa)*
5 **Mais** *(Zea mays)*
6 **Rüben** *(Beta vulgaris)*
7 **Kartoffeln** *(Solanum tuberosum)*
8 **Raps** *(Brassica napus)*

Reife Samenkapseln springen auf und schleudern → die Samen bis zu 7 m weit.

Drüsiges Springkraut

Impatiens glandulifera

Merkmale Höhe 50–250 cm. Blütezeit Juni bis Oktober. Rötlich violette Blüten, bis 4 cm groß. Unverzweigte, rotorangefarbene Stängel. Reife Samenkapseln platzen bei Erschütterung auf und verschleudern braune Samen.
Vorkommen Auenwälder, feuchte Wälder und Gewässerufer.

TYPISCH Als Zierpflanze aus dem Himalaya eingeschleppt, verbreitet sich das Drüsige Springkraut rasch. Auf nährstoffreichen Böden wächst es besonders gut und profitiert von Überdüngung. Auch Imker sollen es wegen seines hohen Nektargehalts verbreitet haben. Naturschützer bekämpfen die Art, um heimische Pflanzen vor der Verdrängung durch das Springkraut zu bewahren.

Die Samen des Drüsigen Springkrauts schmecken wie Walnüsse. Sie können roh oder verarbeitet gegessen werden.

Unterlippe der Gefleckten Taubnessel →
mit Fleckenmuster.

Purpurrote Taubnessel

Lamium purpureum

Merkmale Höhe 14–45 cm. Blütezeit März bis Oktober. Stängel vierkantig, verzweigt und aufrecht. Blätter herzförmig, kreuzgegenständig und am Rand gesägt. Die Blüten stehen gesammelt in den oberen Blattachseln und werden bis zu 1,5 cm groß.
Vorkommen Äcker, Wald- und Wegränder, Gärten. Bevorzugt nährstoffreiche Böden und zeigt Stickstoff an.

TYPISCH Sogar an milden Wintertagen kommt es vor, dass die Purpurrote Taubnessel blüht. Vielerorts sind ihre Blüten zu Jahresbeginn eine wichtige Nahrungsquelle für Bienen und Hummeln. Die Blätter wirken entgiftend und können roh oder gedünstet verwendet werden. Die Pflanze wird leicht mit der **GEFLECKTEN TAUBNESSEL** *(Lamium maculatum)* verwechselt. Deren Blüten (April bis September) sind aber deutlich größer. Beide Arten erinnern optisch an Brennnesseln, die man lieber nicht berührt. Bei den Haaren der Taubnesseln handelt es sich aber nicht um Brennhaare, sondern sie sind vielmehr sehr weich.

❶ Acker-Minze

Mentha arvensis

STECKBRIEF Höhe 10–40 cm • Blütezeit Juni bis Oktober • Blätter oval, leicht eingekerbt, gegenständig angeordnet • Rosa bis lila Blüten stehen büschelweise in Blattachseln • Wächst auf nährstoffreichen, nassen Wiesen und Äckern • Angenehmer Duft beim Abstreifen • Essbar • Mehrere Minze-Arten kreuzen sich und sind daher oft schwierig zu bestimmen.

❷ Wilde Malve

Malva sylvestris

STECKBRIEF Höhe 30–100 cm • Blütezeit Juni bis Oktober • Stängel aufrecht, behaart • 1–6 Blüten je Blattachsel, Blütenblätter eingebuchtet, purpurrot bis violett • Laubblätter gelappt und am Rand gesägt • Wächst an sonnigen Wegrändern und Schuttplätzen, Stickstoffzeiger, mag Wärme • Vielseitig als Heilkraut zu verwenden, wirkt z. B. beruhigend auf Schleimhäute, gegen Atemwegserkrankungen oder entzündungshemmend.

Flecken im Inneren imitieren Staubblätter → und locken Bestäuber an.

Roter Fingerhut

Digitalis purpurea

Merkmale Höhe 40–150 cm. Blütezeit Juni bis August. Aufrechte Stängel sind behaart, unverzweigt und wachsen aus einer Blattrosette am Boden empor. Blätter eiförmig, lang gestielt und besonders unterseits filzig behaart. Herabhängende, purpurrote Blüten bilden große Trauben.
Vorkommen Kahle Waldflächen, Lichtungen und Wegränder. Lockere und eher saure Böden.

TYPISCH Die behaarten Blüten des Roten Fingerhuts sind innen heller und dunkelrot gefleckt. In der Pflanze enthaltene Glykoside können bei Herzerkrankungen helfen, sind aber falsch dosiert sehr giftig. Die zweijährige Pflanze bildet im ersten Jahr nur die Blattrosette am Boden. Im zweiten Jahr folgen die Stängel mit je bis zu 100 Blüten. Als Pionierart besiedelt die Pflanze z. B. kahle Waldflächen nach Stürmen als eine der ersten. Besonders Hummeln und Wildbienen sammeln den Nektar ihrer Blüten. Härchen verhindern kleinen Insekten den Zugang, da diese aufgrund ihrer Größe ohnehin keinen Pollen mitnehmen und zu einer anderen Blüte tragen würden.

Der lange Blütengriffel bildet den „Storchschnabel" →
im Fruchtstand.

Ruprechtskraut

Geranium robertianum

Merkmale Höhe 20–40 cm. Blütezeit Mai bis Oktober. Zarte Pflanze mit dünnen, reich verzweigten Stängeln. Blüten ca. 1 cm groß und rosafarben. An sonnigen Standorten färben sich Laubblätter und Stängel rot.
Vorkommen Anspruchslos und daher vielerorts zu finden, z. B. in Wäldern, auf steinigen Böschungen, an Mauern, auf Felsen und im Ödland.

TYPISCH Wegen ihres unangenehmen Geruchs heißt die Art auch „Stinkender Storchschnabel". Sie wurde früher verwendet, um Motten zu vertreiben. Den Geruch erzeugt das ätherische Öl Geraniol, das alle Geraniengewächse produzieren. Beim Zerreiben der Pflanzenteile riecht es besonders stark. Ist die kleine Blüte verblüht, entwickelt sich kurz darauf der Fruchtstand. Aus diesem ragt eine lange Spitze hervor, die an den Schnabel eines Storchs erinnert. Mit der Zeit trocknet diese Spitze aus, es entsteht Spannung und irgendwann werden die daran haftenden Samen fortgeschleudert. Sie fliegen mehrere Meter weit.

Die weiß blühende Zaun-Winde ist ebenso wie die Acker-Winde in Gärten unbeliebt.

Acker-Winde

Convolvulus arvensis

Merkmale Höhe 20–80 cm. Blütezeit Mai bis Oktober. Die Stängel kriechen oder winden sich am Boden entlang. Blüten trichterförmig, rosa bis weiß. Laubblätter pfeilförmig mit rundlicher Spitze. Leicht giftig.
Vorkommen Äcker, Wegränder, Ödland und Gärten. Anzeiger für lehmhaltige Böden.

TYPISCH Die Acker-Winde benötigt andere Pflanzen, um aufrecht wachsen zu können. Indem sie sich an ihnen emporrankt, erreicht sie mehr Licht und potenzielle Bestäuber. Dabei kann sie die Pflanze, die sie umwindet, erwürgen oder zu Boden reißen. Wenn die Art sich in Getreidefeldern ausbreitet, können Ernteschäden entstehen. Die Pflanze windet sich immer links herum!

Schwer kontrollierbares Kraut. Die Samen können auch nach über 10 Jahren und bei 5-30 °C fast ganzjährig keimen.

Weiße Seerose

Nymphaea alba

Merkmale Höhe 50–300 cm. Blütezeit März bis Mai. Blüten bis 12 cm groß, weiß mit vielen spitz zulaufenden Blütenblättern und zahlreichen gelben Staubblättern im Zentrum. Laubblätter grün glänzend, rund, mit einem tiefen Einschnitt.
Vorkommen Sonnige, stehende oder langsam fließende Gewässer mit 1–3 m Wassertiefe. Mag schlammigen, nährstoffreichen Untergrund.

TYPISCH Die Weiße Seerose wurzelt am Grund von Gewässern. An den Enden langer, elastischer Stiele befinden sich ausladende, schwimmende Laubblätter oder Blüten. Ein spezielles Gewebe, das überwiegend aus gasgefüllten Kammern besteht, lässt diese wie Flöße an der Wasseroberfläche treiben. Gleichzeitig versorgt es die Pflanzenwurzel unter Wasser mit Sauerstoff. Seerosen bieten Fischen ein Versteck vor Vögeln und kühlen durch den Schatten ihrer Blätter das Wasser. Bei Regen und nachts schließen sich die Blüten. Auch die Samen können schwimmen.

Die Frühblüher wachsen auch in Gärten, bevorzugt unter Laubbäumen im unbearbeiteten Boden. →

Busch-Windröschen

Anemone nemorosa

Merkmale Höhe 10–25 cm. Blütezeit März bis Mai. Am Stängel befindet sich nur ein Quirl aus zerteilten Blättern. Blüten mit 6–8 ovalen Blütenblättern, weiß bis rosafarben, Staubblätter gelb. **Vorkommen** Laub- und Mischwälder, Hecken und Gebüsche. Mag kalkhaltigen Boden mit guter Wasserversorgung.

TYPISCH In Buchenwäldern zählt das Busch-Windröschen zu den typischen Frühlingsboten. Dort bedeckt es in großer Zahl den Waldboden wie mit einem zart weißen Teppich. Durch die frühe Blütezeit nutzen die Pflanzen das Sonnenlicht, bis die Blätter der Bäume austreiben. Nachts und bei Regenwetter schließen sich die Blüten.

Nach der Blüte zieht sich die Pflanze in den Boden zurück und treibt im Folgejahr wieder aus aus unterirdischen Sprossteilen aus.

1 Gewöhnlicher Giersch

Aegopodium podagraria

STECKBRIEF Höhe 50–90 cm Blütezeit Juni bis Juli • Stängel hohl, aufrecht und gefurcht • Viele 3 mm kleine Blüten, bilden Dolden • Blätter dreiteilig, am Rand gesägt, Blattstiel dreikantig • Wächst auf frischen, nährstoffreichen Böden, z. B. Gräben, Ufer und Gebüsche • Vermehrt sich stark über Wurzelausläufer, verdrängt leicht andere Pflanzen • Essbar.

2 Wilde Möhre

Daucus carota

STECKBRIEF Höhe 30–100 cm • Blütezeit Juni bis September • Stängel behaart, an der Spitze eine Dolde aus vielen Blüten, umgeben von filigranen Hüllblättern • Blätter schmal gefiedert • Häufig an Wegrändern und auf Wiesen, sehr anspruchslos • Wildform unserer Speisemöhre • Blüht erst im 2. Jahr • Weiße Wurzeln essbar, bei einjähriger Pflanze milder • Dunkle „Mohrenblüte“ in der Doldenmitte imitiert ein Insekt und lockt weitere an.

Der noch giftigere Riesen-Bärenklau wird bis zu 3,5 m hoch.

Wiesen-Bärenklau

Heracleum sphondylium

Merkmale Höhe 50–150 cm. Blütezeit Juni bis September. Stängel gefurcht, rau behaart. Dolden aus vielen kleinen Blüten, die am Rand größer sind. Blätter groß und gelappt, am Rand gesägt.
Vorkommen Wiesen, Ödflächen, Waldränder. Frische, nährstoffreiche Böden.

TYPISCH Durch die vergrößerten Blüten am Doldenrand wirken die Dolden attraktiver auf Insekten. Bei Kontakt mit der Pflanze kann es zu Hautreizungen kommen. Diese sind aber lange nicht so heftig wie beim **RIESEN-BÄRENKLAU** *(Heracleum mantegazzianum)*. Er wird auch „Herkulesstaude" genannt und sieht aus wie ein vielfach größerer Doppelgänger des Wiesen-Bärenklaus. Zwar ist diese eingeschleppte Pflanze sehr interessant für Insekten, jedoch gesundheitlich problematisch. Ihr Saft wirk zusammen mit Sonnenlicht ätzend. Er kann schwere Hautverletzungen bei Menschen und Haustieren verursachen. Vielerorts wird die Pflanze deshalb aktiv bekämpft.

Seiner filzigen Behaarung verdankt das Edelweiß ⟶
auch den Namen „Wollblume“.

Edelweiß

Leontopodium alpinum

Merkmale Höhe 5–20 cm. Blütezeit Juli bis August. Stängel aufrecht, schmale Blätter silbriggrün. Insgesamt filzig behaart. Blütenköpfchen gelb und 4–8 mm groß. Weiße Hochblätter umgeben mehrere zusammenstehende Blüten.
Vorkommen Wiesen und Felsspalten alpiner Hochgebirge, in 1500–3400 m Höhe.

TYPISCH Weiße, sternförmig stehende Blätter wirken wie Blütenblätter. Sie gehören genau genommen aber gar nicht zu den kleinen gelben Blüten, sondern sind abgewandelte Laubblätter. Sie betonen die unscheinbaren Blüten und dienen Insekten als Sitz- und Landefläche. Die filzigen Blüten erinnern an Löwenpfoten. Darauf weist auch der botanische Name „*Leontopodium*“ hin.

Pelziger Sonnenschutz: Seine Behaarung schützt das Edelweiß vor der starken Sonnenstrahlung im Gebirge.

Die Geruchlose Kamille hat im Vergleich zur Echten Kamille einen flacheren Blütenboden. →

Echte Kamille

Matricaria chamomilla

Merkmale Höhe 15–40 cm. Blütezeit Mai bis August. Gelbe Röhrenblüten in kegelförmigen Körbchen umgeben von weißen Zungenblüten. Laubblätter haarartig und gefiedert. Intensiver Duft.
Vorkommen Getreidefelder, Weg- und Straßenränder, Schuttplätze. Nährstoffreiche, frische Böden. Zeigt Lehmböden an.

TYPISCH Die ätherischen Öle der Echten Kamille wurden schon früh gegen Entzündungen und Krämpfe genutzt. Sie wird noch heute als Heilpflanze äußerlich wie innerlich oft angewendet, z. B. als Tee oder Tinktur. Die Zungenblüten des typischen Korbblütlers erwecken den Anschein einer großen Einzelblüte. Bei der Echten Kamille zeigen sie oft nach unten. Die **GERUCHLOSE KAMILLE** *(Tripleurospermum inodorum)* ähnelt der Echten Kamille sehr, duftet aber kaum. Ebenfalls ähnlich, aber viel höher (bis 1 m) ist die **WIESEN-MARGERITE** *(Leucanthemum vulgare)*. Sie ist eindeutig an ihren flächigen, grob gezähnten Laubblättern zu erkennen. Während Kamillen auf nährstoffreichen Böden wachsen, mag die Wiesen-Margerite es mager.

Mehrere Röhrenblüten und 4–6 umstehende Zungenblüten bilden eine Scheinblüte.

Wiesen-Schafgarbe

Achillea millefolium

Merkmale Höhe 20–120 cm. Blütezeit Juni bis Oktober. Aufrechte, wenig verzweigte Stängel. Blütenkörbchen mit weißen Zungenblüten und gelblichen Röhrenblüten. Laubblätter gefiedert. **Vorkommen** Wiesen, Weiden, Brachflächen. Nährstoffreiche Böden.

TYPISCH Wie Becherchen sehen die 15–20 Röhrenblüten in der Mitte der Blütenkörbchen aus. Die Wiesen-Schafgarbe besitzt ähnlich wirkende ätherische Öle wie die Echte Kamille und gilt somit als Heilpflanze. Schafe meiden die Pflanze wegen ihrer bitteren Inhaltsstoffe und fressen höchstens ihre Blätter. Die weißen Blüten an den holzigen Stängeln bleiben dann wie eine „Garbe“ stehen.

Widerstandsfähige Pionierin: Die Wiesen-Schafgarbe ist oft die erste Pflanze, die kahle Flächen erobert.

Gänseblümchen

Bellis perennis

Merkmale Höhe 5–15 cm. Blütezeit Januar bis November. Blütenkörbchen aus gelben Röhrenblüten und weißen Zungenblüten stehen an einem runden, blattlosen Stängel. Rosette aus rundlichen Blättern am Boden.
Vorkommen Wiesen, Weiden, Rasenflächen. Weist auf Bodenverdichtung hin.

TYPISCH Bei vielen Rasenbesitzern ist das Gänseblümchen unbeliebt. Denn es kann sich nach dem Rasenmähen schnell erholen. Mit der Zeit passt es sogar die Höhe seiner Stängel an und wächst einfach unterhalb der scharfen Mähmesser. Doch die Pflanze bietet fast ganzjährig Insekten und Pflanzenfressern Nahrung. Bei kühlem Wetter und nachts schließen sich die Blütenköpfchen. Wenn es frostig kalt war, entwickeln die weißen Zungenblüten rötliche Spitzen. In Salaten oder auf dem Butterbrot setzen die Blütenköpfchen als essbare Blüten (von unbehandelten Flächen) hübsche Akzente. Die grünen Blätter des Gänseblümchens erinnern geschmacklich an Feldsalat. Die Inhaltsstoffe der Pflanze haben positiven Einfluss auf Verdauung und Psyche.

BELIEBTE GARTENFRÜCHTE

Ob fruchtig oder herzhaft, scharf oder süß: Aromatische Gemüse und knackige Salate schmecken einfach köstlich und sind gesund. Einige Beispiele: Farb- und Formenreichtum sind bei **Tomaten** kaum Grenzen gesetzt. An sonnigen Orten werden die Früchte zuckersüß. **Gurken** benötigen oft Rankhilfen. Die Früchte bestehen zu 95% aus Wasser, schmecken deshalb aber noch lange nicht wässrig. Ein **Kürbis** kann riesengroß werden, im Handel sind 3 kg schwere Exemplare üblich. Die ausgesprochen kälteempfindliche Pflanze braucht viele Nährstoffe. **Bohnen** lassen sich vielfältig zubereiten. Weil sie roh giftig sind, muss man sie mindestens 10 Min. kochen. **Radieschen** sind leicht anzubauen. Die kleinen roten Knollen sind ein toller Rohkostsnack. Was noch nicht so bekannt ist: Ihre Blätter lassen sich zu einem leckeren Pesto verarbeiten. Die verschiedenen **Kohlarten und -sorten** sind ein herzhaftes Gemüse. Ihre Farben reichen von Weiß über Grün bis Violett. **Eisbergsalat** ist ein knackiger und gut lagerfähiger Vertreter der Gruppe der Salate. Seine Blätter bilden einen festen Kopf. **Zwiebeln** gehören zu den Lauchpflanzen. Die scharfen Knollen sind sehr gesund und werden seit Langem vielfältig verwendet.

1 **Tomaten** *(Solanum lycopersicum)*
2 **Gurken** *(Cucumis sativus)*
3 **Kürbis** (*Cucurbita* spp.)
4 **Bohnen** *(Phaseolus vulgaris)*
5 **Radieschen** (*Raphanus sativus* var. *sativus*)
6 **Kohl** (Brassica spp.)
7 **Eisbergsalat** (*Lactuca sativa* var. *capitata*)
8 **Zwiebeln** *(Allium cepa)*

Die Knoblauchsrauke ähnelt auf den ersten →
Blick einer Brennnessel.

Bärlauch

Allium ursinum

Merkmale Höhe 20–50 cm. Blütezeit Mai bis Juni. Gestielte Blätter mit parallel verlaufenden Nerven. Weiße Blüten bilden eine Dolde an der Spitze eines kahlen Stängels. Intensiver Knoblauchgeruch.
Vorkommen Feuchte Laubwälder und Auenwälder. Mag kalkhaltige Böden mit vielen Nährstoffen.

TYPISCH Aus einer Zwiebel im Boden wachsen meist 2 Laubblätter. Vor der Blüte schmecken sie noch am stärksten nach Knoblauch. Alle Pflanzenteile sind essbar. An geeigneten Standorten breitet Bärlauch sich stark aus und verrät sich im Frühling oft schon von Weitem durch seinen Duft. Vorsicht: Auf keinen Fall darf man die Blätter des Bärlauch mit denen der hochgiftigen Herbstzeitlose oder des Maiglöckchens verwechseln! Die **KNOBLAUCHSRAUKE** (*Alliaria petiolata*) ähnelt dem Bärlauch in ihrer Wuchsform gar nicht, ist mit ihrem milden Aroma aber eine echte Alternative als essbare Wildpflanze. Sie riecht und schmeckt ebenfalls lauchig und kann sowohl roh als auch gegart verwendet werden.

Die Blätter stehen in einer Rosette am Boden, aus der die langen Blütenstängel emporragen. →

Gewöhnliches Hirtentäschel

Capsella bursa-pastoris

Merkmale Höhe 2–70 cm. Blütezeit Januar bis Dezember. Aufrechte Stängel mit lang gestreckter Blütentraube. Blüten mit je 4 runden, 2–3 mm langen Kronblättern. Herzförmige Schötchen als Samenstände. Blattrosette am Boden.
Vorkommen Wegränder, Äcker, Gärten. Gern an sonnigen, nährstoffreichen Standorten.

TYPISCH Die anpassungsfähige Pflanze ist überall häufig. Der Begriff „Hirtentäschel" stammt von der Form der Früchte: Im Mittelalter trugen Hirten ähnlich geformte Taschen bei sich. Wildbienen schätzen die häufig ganzjährig blühende Pflanze.

Früher wurden die kleinen Samen (je Pflanze bis zu 64 000 Stück) als Pfefferersatz gegessen.

❶ Wald-Sauerklee

Oxalis acetosella

STECKBRIEF Höhe 5–12 cm • Blütezeit April bis Mai • Kronblätter mit violetter Äderung • Laubblätter in 3 herzförmige Fiederblätter geteilt • Blüten stehen einzeln und überragen die grünen „Kleeblätter" • Wächst in feuchten, modrigen Wäldern • Nur 1 % Tageslicht reichen der Pflanze • In geringen Mengen essbar, enthält Oxalsäure, die in größeren Mengen den Magen reizt.

❷ Weiß-Klee

Trifolium repens

STECKBRIEF Höhe 15–45 cm • Blütezeit Mai bis September • Kriechende Triebe, an deren Knoten lange Blatt- und Blütenstängel wachsen • Viele Schmetterlingsblüten bilden kugelige Köpfchen • Laubblätter dreigeteilt • Wächst in Parks und Gärten, auf Weiden und Ödland • Manchmal süß duftend, wertvoll für Insekten • Verträgt Mähen, Begehen und Befahren • Biegsame, kantige Stängel lassen sich gut zu Haarkränzen flechten.

Die Blüten der Dreinervigen Nabelmiere sind nur etwa 0,5 cm groß.

Große Sternmiere

Stellaria holostea

Merkmale Höhe 15–30 cm. Blütezeit April bis Mai. Reich verzweigte, kantige Stängel, die leicht brechen. Blüten 1,5–2 cm groß, Kronblätter gespalten. Ungestielte Laubblätter spitz zulaufend.
Vorkommen Gebüsche, Hecken, Waldränder. Wächst gern auf sonnigen Sand- oder Lehmböden.

TYPISCH Durch die Form ihrer Laubblätter hebt sich diese Sternmieren-Art von anderen ab. Ihre Blüten sind für eine Sternmiere recht groß und werden vom Wind und von Insekten bestäubt. Besonders nachts bei Mondschein werden die hellen Blüten gern von nachtaktiven Insekten besucht. Die grazile Pflanze wird gern in halbschattigen Staudenbeeten gepflanzt. Die **DREINERVIGE NABELMIERE** *(Moehringia trinervia)* besiedelt lieber schattige Orte. Ihre deutlich kleineren Blüten wirken mit ihren einzeln stehenden Kronblättern minimalistisch. Sie ist von kurzen Härchen übersät und ihre Blätter sind eiförmig-spitz. Erkennungsmerkmal sind ihre meist 3, manchmal 5, längs verlaufenden Blattnerven.

Europäischer Siebenstern

Trientalis europaea

Merkmale Höhe 5–20 cm. Blütezeit Mai bis Juli. Aufrechter Stängel mit einem Quirl aus mehreren Laubblättern. Die sternförmige Blüte hat 7 Blütenblätter und steht über den Laubblättern.
Vorkommen Nadelwälder, Moore, Heiden und Gebirge. Auf nassen, nährstoffarmen und sauren Böden.

TYPISCH Diese filigrane Pflanze ist selten und zählt zu den Primeln. Als Überbleibsel aus der letzten Eiszeit mag der Siebenstern es kühl und schattig. In Skandinavien ist er deutlich häufiger anzutreffen als als weiter südlich in Europa. Die Art steht unter Naturschutz.

Die siebenteiligen Blüten gelten in der Natur als Seltenheit und lassen kaum Verwechslung mit anderen Arten zu.

Die rote „Beere“ ist botanisch gesehen eine Sammelfrucht, auf der viele Nüsschen sitzen.

Wald-Erdbeere

Fragaria vesca

Merkmale Höhe 5–20 cm. Blütezeit Mai bis Juni. Aufrechte Stängel mit anliegender Behaarung. Blüten bis 1,5 cm groß, einzeln oder in kleinen Gruppen. Laubblätter langstielig, aus 3 Teilblättchen mit gesägtem Rand. An kriechenden Ausläufern entwickeln sich Jungpflanzen.
Vorkommen Lichte Wälder, Waldränder, Böschungen, Gärten. Bevorzugt nährstoffreiche Böden.

TYPISCH Wald-Erdbeeren sind mehrjährige Pflanzen, die sich an günstigen Standorten stark ausbreiten und den Boden teppichartig bedecken können. Ihre süßen roten Früchte locken viele Tiere an, die auch die Samen verbreiten. Bei Erdbeeren handelt es sich um „Scheinbeeren“, die aus einer fleischigen Scheinfrucht mit vielen darauf angesammelten Nüsschen (die eigentlichen Früchte) bestehen. Wegen ihres intensiven Aromas sind die Früchte frisch oder in Konfitüren und Desserts beliebt. Die Blätter und Wurzeln finden u. a. bei Verdauungsbeschwerden Anwendung.

Die Blüten bilden Scheinquirle. Je 2 Grüppchen stehen eng zusammen. →

Weiße Taubnessel

Lamium album

Merkmale Höhe 20–50 cm. Blütezeit April bis Oktober. Aufrechte Stängel mit tiefen Rillen. Blätter herzförmig und grob gezähnt. Blüten sitzen gesammelt in den oberen Blattachseln, 2-3 cm lang.
Vorkommen Weg- und Waldränder, Hecken, Misthaufen. Mag feuchte Böden, zeigt Stickstoff an.

TYPISCH Wegen ihrer Blattform erinnert die Pflanze an eine Brennnessel, sie hat jedoch keine Brennhaare – man kann sie deshalb bedenkenlos berühren. Bei milder Witterung blüht die Weiße Taubnessel auch im Winter und versorgt die ersten Hummelköniginnen des Jahres mit Nahrung. Ameisen mögen ein nahrhaftes Anhängsel der Samen und sind damit wichtige Verbreiterinnen.

Wirklich süß: Zieht man die Blüten aus den Kelchblättern heraus und saugt an ihnen, schmeckt man den zuckrigen Nektar.

Die borstigen Triebe des verwandten Kletten-Lab-krauts werden bis zu 2 m lang. →

Waldmeister

Galium odoratum

Merkmale Höhe 15–30 cm. Blütezeit Mai bis Juni. Aufrechte, unverzweigte Stängel mit Quirlen aus 6–9 ovalen, zugespitzten Blättern. Kleine 4–6 mm breite Blüten stehen in Scheindolden am Ende des Stängels.
Vorkommen Laub- und Mischwälder mit krautigem Unterwuchs. Mag lockere, humose Böden.

TYPISCH Vor der Blüte werden die Blätter gern für Maibowle verwendet. Lässt man sie nach der Ernte kurz an der Luft welken, geben sie ein intensiveres Aroma ab. Das für den Duft verantwortliche Cumarin kann jedoch in größeren Mengen zu Kopfschmerzen führen. Vergleichsweise borstig ist das **KLETTEN-LABKRAUT** *(Galium aparine)*. Es ist übersät mit unzähligen Widerhaken. Die Triebe können sich an andere Pflanzen heften und diese im Kampf um Licht auch überwuchern. Vorbeilaufende Menschen und Tiere reißen Pflanzenteile in Kleidung oder Fell mit sich und verbreiten so die Samen. Die Pflanze ist essbar.

Beim Maiglöckchen sitzen je 2 Blätter am Stängel. ⟶
Bärlauchblätter wachsen einzeln aus dem Boden.

Maiglöckchen

Convallaria majalis

Merkmale Höhe 10–20 cm. Blütezeit Mai bis Juni. Stängel aufrecht, wächst aus meist 2 breit-ovalen Blättern hervor. Blätter gestielt und übereinanderstehend. Glockenförmige, duftende Blüten bilden eine Traube.
Vorkommen Laubwälder mit lockeren, nicht zu feuchten Böden, auch Gärten.

TYPISCH Über Wurzelausläufer und Samen kann sich das giftige Maiglöckchen stark ausbreiten. In Gärten kann es dann sogar lästig werden. Im zeitigen Frühjahr, vor der Blüte, ist die Verwechslungsgefahr mit essbaren Wildkräutern besonders groß. Weniger bekannt als die weißen Glöckchen sind die etwa im August erscheinenden, knallroten Beeren. Sie sind besonders giftig.

Wegen seiner Blätter wird das giftige Maiglöckchen leider immer wieder mit dem essbaren Bärlauch verwechselt.

Die Blüten des Märzenbechers duften nach Veilchen. →

Schneeglöckchen

Galanthus nivalis

Merkmale Höhe 8–20 cm. Blütezeit Februar bis März. Nickende Blüte aus 3 langen äußeren und 3 kurzen inneren Blütenblättern. Die inneren sind miteinander verwachsen. Laubblätter lang und schmal, mit Kiel in der Mitte.
Vorkommen Feuchte Wälder, Parks und Gärten. Mag nährstoffreiche, feuchte Böden.

TYPISCH Vielerorts hat sich das Schneeglöckchen aus Gärten verwildert und ist nur noch selten wirklich wild. Ein zuckerhaltiger Zellsaft schützt das Pflanzengewebe als natürliches Frostschutzmittel auch bei Eis und Schnee. Das Schneeglöckchen ist giftig. Vergiftungen verursachen Übelkeit und Durchfall. Der Inhaltsstoff Galantamin findet wiederum in Medikamenten gegen Gedächtnisschwäche Verwendung. Ebenfalls giftig ist der **MÄRZENBECHER** *(Leucojum vernum)*. Er ähnelt dem Schneeglöckchen, seine Blütenblätter sind jedoch alle gleich lang und bilden eine breite Glocke. Die Laubblätter sind zudem grasgrün.

Pfirsichblättrige Glockenblume

Campanula persicifolia

Merkmale Höhe 30–80 cm. Blütezeit Juni bis September. Aufrechter Stängel meist unverzweigt. Laubblätter am Grund oval, oben am Stängel maximal 1 cm breit. Blauviolette Blüten am Stängelende, z. T in einer Traube. Zarte Einzelblüte weit glockenförmig und bis 4 cm lang.
Vorkommen Lichte Wälder, Waldränder, Hecken und Wiesen. Bevorzugt eher trockene, kalk- und lehmhaltige Böden.

TYPISCH Ihre weit geöffneten, zarten Glockenblüten bieten Insekten eine attraktive Anlaufstelle. Nach der Bestäubung bilden sich Kapseln mit feinen Samen, die vom Wind verstreut werden.

Mit Ausnahme staunasser Standorte kommt die anspruchslose Art vielerorts zurecht und eignet sich auch als Dachbegrünung.

❶ Vielblättrige Lupine

Lupinus polyphyllus

STECKBRIEF Höhe 100–150 cm • Blütezeit Juni bis August • Blaue, seltener rötliche Schmetterlingsblüten in großen Trauben an langen Stängeln • Blätter in bis zu 17 Teilblättchen unterteilt • Böschungen, Waldwege und -ränder • Bevorzugt kalkarme Böden • Düngt den Boden durch luftstickstoffbindende Knöllchenbakterien • Beliebt als Wildfutter oder Zwischenfrucht.

❷ Rainfarn-Phacelie

Phacelia tanacetifolia

STECKBRIEF Höhe 30–70 cm • Blütezeit Juni bis Oktober • Kleine blauviolette Blüten mit langn, violetten Staubblättern • Blütenstände vor dem Erblühen schneckenartig eingerollt • Laubblätter gefiedert • Stängel kurz behaart • Äcker und Ödflächen • Beliebte Zwischenfrucht, da sie schnell wächst und Unkräuter unterdrückt • Hervorragende Bienenweide, liefert je Hektar bis zu 500 kg Honig pro Saison • Vorsicht: enthält hautreizende Inhaltsstoffe.

❶ Gewöhnliche Akelei

Aquilegia vulgaris

STECKBRIEF Höhe 40–80 cm • Blütezeit Mai bis Juli • Stängel aufrecht und reich verzweigt • Blätter dreigeteilt und am Rand gelappt • Nickende Blüte meist blauviolett, helle Staubblätter ragen etwas hervor • Wächst auf Wiesen, in Gebüschen und lichten Laubwäldern, v. a. auf kalkigen Böden • Für die tiefen Blüten benötigen Insekten einen langen Rüssel.

❷ Kriechender Günsel

Ajuga reptans

STECKBRIEF Höhe 7–30 cm • Blütezeit Mai bis August • Untere Blätter deutlich größer und stumpf-oval, an der Triebspitze etwa so lang wie die Blüten, oft rötlich • Stängel vierkantig und aufrecht • Blüten klein, blauviolett und mit winziger Oberlippe, stehen gesammelt an den Triebspitzen • Insgesamt behaart • Auf nährstoffreichen Wiesen, Rasenflächen und in Gebüschen • Bildet lange Ausläufer und verbreitet sich kriechend.

3 Kleines Immergrün

Vinca minor

STECKBRIEF Höhe 15–20 cm • Blütezeit April bis Mai • Ovale Blätter immergrün, glänzend, und zäh • Blüte blauviolett bis hellblau oder weiß, 5 Kronblätter wirken durch schräge Zipfel wie Propeller • Triebe kriechen am Boden und bewurzeln fortlaufend neu • Wächst in Laubwäldern auf nährstoffreichen Böden • Bei guten Bedingungen bodendeckend.

2 Leberblümchen

Hepatica nobilis

STECKBRIEF Höhe 5–15 cm • Blütezeit März bis April • Grüne Blätter behaart, auffällig dreilappig, unterseits oft rotbraun • Blütenblätter abgerundet, zahlreiche gelbe Staubblätter • Stängel rötlich, unverzweigt und behaart • In Buchen- und Eichenwäldern, zeigt Kalkböden an • Nach einwöchiger Blütezeit bilden sich neue Laubblätter • Der Farbstoff (Cyanidin) der Blütenblätter wird auf sauren Böden rötlich. • Leicht giftig.

❶ Wegwarte

Cichorium intybus

STECKBRIEF Höhe 30–150 cm • Blütezeit Juli bis Oktober • Stängel behaart • Blaues Blütenkörbchen gestielt oder sitzend • Äußere Zungenblüten enden in meist 5 Zipfeln • Untere Laubblätter erinnern an Löwenzahn, obere schmaler • Wächst v. a. an Weg- und Straßenrändern • Trockene, nährstoffreiche Böden • Essbar, z. B. geröstete Wurzeln als Kaffeeersatz.

❷ Wiesen-Storchschnabel

Geranium pratense

STECKBRIEF Höhe 20–60 cm • Blütezeit Juni bis August • Stängel lang, behaart • Blüten stehen in Paaren oberhalb der Laubblätter • Blätter mehrteilig, bis zu 20 cm breit, gezähnt und rauhaarig • Kronblätter abgerundet, rötlich geädert und zur Mitte hin heller • Blütenstempel überragt die Staubblätter • Sonnige Fettwiesen, Gräben, Böschungen • Feuchte, nährstoffreiche Böden • Heilpflanze u. a. gegen Fieber und Entzündungen.

3 Berg-Flockenblume

Centaurea montana

STECKBRIEF Höhe 30–60 cm • Blütezeit Mai bis Oktober • Lockere, 3,5–5 cm breite Blütenkörbchen aus vielen Röhrenblüten • Blütenkörbchen mittig rötlich violett, außen blau • Laubblätter filzig behaart, laufen am Stängel entlang • Felsige Hänge, Bergwiesen und -wälder • Frische, nährstoffreiche Böden • Wächst im Gegensatz zur Kornblume mehrjährig.

4 Kornblume

Cyanus segetum

STECKBRIEF Höhe 30–60 cm • Blütezeit Juni bis Oktober • Am weißfilzigem Stängel immer nur ein 2,5–3,5 cm breites Blütenkörbchen • Untere Laubblätter häufig geteilt, obere sehr schmal • Getreideäcker, Schuttplätze und Ödland • Meist auf schwach sauren Böden • Rückgang durch den Einsatz von Pestiziden • Zuckerhaltiger Nektar lockt Insekten an • Die Röhrenblüten sind als essbare Dekoration beliebt.

Acker-Vergissmeinnicht wachsen direkt aus Samen ⟶
oder aus der im Vorjahr gebildeten Blattrosette.

Acker-Vergissmeinnicht

Myosotis arvensis

Merkmale Höhe 10–40 cm. Blütezeit April bis September. Stängel spitz verzweigt und behaart. Laubblätter oval bis länglich, 1–5 cm lang, stehen am Stängel und als Rosette an der Basis. Sehr kleine, nur 2–3 mm große hellblaue Blüten, stehen zu mehreren an der Triebspitze.
Vorkommen Vor allem auf Getreideäckern, auch auf Ödflächen und im Wald. Gern auf Lehmböden.

TYPISCH *Myosotis* bedeutet „Mauseohr“ und spielt auf die behaarten Blätter an. Die Früchte der Pflanze bleiben mit Widerhaken im Fell vorbeikommender Tieren hängen und werden so verschleppt. Wegen antibakterieller und antiviraler Eigenschaften wird das Acker-Vergissmeinnicht u. a. als Tee oder Tinktur genutzt. Vergissmeinnicht-Arten sind vielerorts verbreitet. Mit 6–10 mm hat sowohl das **SUMPF-VERGISSMEINNICHT** *(Myosotis palustris)* als auch das **WALD-VERGISSMEINNICHT** *(Myosotis sylvatica)* eine deutlich größere Blüte. Insekten fällt es daher leichter, sie zu bestäuben.

Herbstzeitlose: Viel giftiger als die verwandten Krokusse. →

Frühlings-Krokus

Crocus vernus

Merkmale Höhe 6–15 cm. Blütezeit März bis April. Lange hellviolette Blütenblätter stehen trichterförmig zusammen und schließen sich bei Kälte. Laubblätter grasähnlich schmal und mit heller Mittellinie.
Vorkommen Vor allem in Gärten und Parks. Auf nährstoffreichen, eher feuchten Böden.

TYPISCH Mit seiner unterirdischen Zwiebel als Überdauerungsorgan hat der Krokus in milden Jahren schon im Februar genügend Energie, um zu blühen. Bei uns wild wachsende Krokusse entstammen verwilderten und untereinander gekreuzten Zierkrokussen. Bestände des **WEISSEN KROKUS** *(Crocus albiflorus)* in der Alpenregion gelten noch als wild. Erst ab August bis in den November zeigen sich die Blüten der **HERBSTZEITLOSE** *(Colchicum autumnale)*. Mit bis zu 25 cm sind sie deutlich größer als die der Krokusse. Im Frühling ähneln die Laubblätter der Herbstzeitlose allerdings denen des Bärlauchs. Man darf sie auf keinen Fall verwechseln: Ihr namengebendes Gift Colchicin kann tödliche Vergiftungen verursachen.

1 Wald-Veilchen

Viola reichenbachiana

STECKBRIEF Höhe 10–25 cm • Blütezeit März bis Mai • Stängel liegend oder aufrecht • Blüten mit Blütensporn, hellviolett, stehen einzeln am Stielende, geruchlos • Blätter langstielig, unten herzförmig, oben spitzer • In Laub- und Mischwäldern • Auf frischen, nährstoffreichen Böden • Das unterste der 5 Blütenblätter ist dunkel geädert.

2 Kleine Traubenhyazinthe

Muscari botryoides

STECKBRIEF Höhe 10–25 cm • Blütezeit April bis Mai • Blütenstängel unverzweigt, bis 15 cm • Laubblätter schmal, wachsen aufrecht aus einer unterirdischen Zwiebel • Blütenblätter zu kugelförmiger Blüte verwachsen, duften nicht • Die Blüten bilden eine Traube an der Stängelspitze • Vor allem in Gärten, selten wild auf Wiesen und in Wäldern • Auf nährstoffarmen, feuchten Böden. • Schwach giftig.

Ameisen fressen gern den fettreichen Ansatz („Elaiosom“) der Samen und tragen so zur Verbreitung bei.

Einjähriger Borretsch

Borago officinalis

Merkmale Höhe 20–60 cm. Blütezeit Mai bis August. Stängel aufrecht, reich verzweigt und borstig behaart. Blüte sternförmig. Laubblätter behaart, oval bis länglich, am Rand gezähnt. **Vorkommen** Gärten, Brachflächen, Wegränder und Schuttplätze.

TYPISCH Gern besuchen Hummeln und Bienen die etwa 2 cm großen, knallblauen Blüten. Borretsch sät sich jährlich neu aus und ist als nektarreiche Pflanze häufig in insektenfreundlichen Saatgutmischungen enthalten. In den borstigen Härchen befindet sich Kieselsäure. Der Verzehr junger Blätter oder die Verwendung von Öl kann sich positiv auf Haare, Haut und Nägel auswirken. Weitere Inhaltsstoffe können der Verdauung guttun.

Dekorativ und lecker: Borretsch schmeckt frisch und erinnert an Gurke. Er eignet sich roh oder gedünstet zum Verzehr.

❶ Echtes Johanniskraut

Hypericum perforatum

STECKBRIEF Höhe 30–60 cm • Blütezeit Juli bis August • Blätter 1–2 cm lang, oval, mit vielen hellen Pünktchen (Öldrüsen) • Blüten mit schwarz geflecktem Rand, stehen in Rispen • Kronblätter fransig und schräg endend • Verbreitet auf mageren Standorten • Blüten färben sich beim Zerreiben blutrot (Pflanzenöl reagiert mit Luft und Licht) • Beliebte Heilpflanze.

❷ Rainfarn

Tanacetum vulgare

STECKBRIEF Höhe 60–120 cm • Blütezeit Juli bis September • Stängel aufrecht, kantig • Blatt farnähnlich gefiedert • Scheindolden aus 1 cm breiten Blütenkörbchen aus gelben Röhrenblüten, keine Zungenblüten • Auf Böschungen, an Wegrändern, auf Ödland • Duftet zerrieben intensiv • Enthält giftiges Thujon • Geeignet zur Blattlausbekämpfung • Imker nutzen die Pflanze zur Raucherzeugung bei der Arbeit an ihren Bienenvölkern.

Die Hahnenfuß-Scherenbiene ist auf Pollen der Hahnenfuß-Arten angewiesen.

Scharfer Hahnenfuß

Ranunculus acris

Merkmale Höhe 30–100 cm. Blütezeit Mai bis September. Stängel aufrecht, verzweigt, einzelne Blüten an den Enden. Laubblätter handförmig und gezähnt. Blüten glänzend gelb, 2–3 cm groß.
Vorkommen Wiesen und Weiden. Feuchte, gern nährstoffreiche Böden.

TYPISCH Hahnenfuß-Arten werden regional auch „Butterblume“ genannt. Alle sind giftig. Scharfer Hahnenfuß wird wegen seines scharfen Geschmacks nicht von Weidetieren gefressen. Im Frühsommer verleihen die Blüten vielerorts Feuchtwiesen einen goldgelben Schimmer. Blatt- und Blütenstängel wachsen aus Horsten, wobei die Blüten weit nach oben herausragen. Der **KRIECHENDE HAHNENFUSS** *(Ranunculus repens)* bildet Ausläufer, an deren Blattansätzen sich neue Wurzeln bilden können. Er ist deutlich weniger giftig als der Scharfe Hahnenfuß. Der Kriechende Hahnenfuß kann Überflutung überstehen und gilt, weil er sich schnell teppichartig ausbreiten kann, auch als Unkraut.

Die verzweigte Topinambur-Knolle ⟶ erinnert an Ingwer.

Topinambur

Helianthus tuberosus

Merkmale Höhe 100–250 cm. Blütezeit Oktober bis November. Stängel aufrecht. Blätter eiförmig bis länglich, am Rand gesägt. Gelbe Röhrenblüten bilden ein Körbchen, das von langen Zungenblüten umgeben ist.
Vorkommen Kulturfrucht in Gärten und auf Äckern. Auf lockeren Böden.

TYPISCH Topinambur stammt aus Nord- und Mittelamerika und wird häufig für eine Sonnenblume gehalten. Er treibt jährlich neu aus seiner stärkehaltigen, essbaren Wurzelknolle aus. So ist die Pflanze nicht nur im Staudenbeet dekorativ, sondern lässt sich auch als Kartoffelersatz zubereiten. Bis in den Herbst profitieren Insekten vom Nektar seiner Blüten.

Wegen seiner enormen Wuchshöhe ist Topinambur als dekorativer Sichtschutz geeignet.

Der Milchsaft verursacht hartnäckige braune Flecken auf Haut und Kleidung. ⟶

Gewöhnlicher Löwenzahn

Taraxacum sect. *Ruderalia*

Merkmale Höhe 5–40 cm. Blütezeit April bis Juli. Rosette aus grob gesägten Laubblättern. Blütenstiel hohl, rund, weich behaart. Gelbe Blütenkörbchen aus Röhrenblüten und Zungenblüten. **Vorkommen** Wiesen, Straßen- und Wegränder, Rasen. Verbreitet und anspruchslos.

TYPISCH Aus seiner bis zu 40 cm langen Pfahlwurzel kann Löwenzahn wiederholt austreiben und gilt häufig als Unkraut. Die Blätter sind trotz ihres eher bitteren Geschmacks essbar. Besonders im Frühling eignen sie sich als Salatzutat. Aus den Blüten kann süßes Löwenzahngelee (S. 76) gekocht werden.

Im Wasser stehende Stängel kringeln sich auf, weil das innenliegende Gewebe im Gegensatz zur Außenwand stark quillt.

Bei Verletzung der Pflanze tritt sofort der orangefarbene, giftige Milchsaft aus. →

Schöllkraut

Chelidonium majus

Merkmale Höhe 30–70 cm. Blütezeit April bis Oktober. Gelbe Blüten aus 4 Kronblättern. Laubblätter gefiedert, Teilblättchen unregelmäßig gelappt. Dünne Schote mit Samen.
Vorkommen Schattige Wald- und Wegränder, Mauern. Oft auf nährstoffreichen Böden.

TYPISCH In Gärten gilt Schöllkraut häufig als Unkraut. Es kann aus seinen flach wachsenden Wurzeln neu austreiben und sich so vermehren. Ameisen verschleppen die ölhaltigen Samen. Es verbreitet sich aber eher langsam. Bei Verletzung der grünen Pflanzenteile tritt orangefarbener Milchsaft aus. Als Heilpflanze hat Schöllkraut eine lange Geschichte. In der richtigen Menge wirkt es positiv auf die Verdauung oder hilft gegen Warzen.

„Warzenkraut": Der Milchsaft wirkt antiviral und kann Warzen abheilen lassen.

Die blassgelben Blüten der Hohen Schlüsselblume ⟶
sind größer als die der Wiesen-Schlüsselblume.

Wiesen-Schlüsselblume

Primula veris

Merkmale Höhe 10–30 cm. Blütezeit April bis Juni. Blütenstangel unverzweigt und behaart. Die kleinen Blüten ragen aus langen Kelchen heraus und stehen in einer Dolde. Laubblätter länglich-oval und furchig, bis zu 12 cm lang.
Vorkommen Wiesen, Waldränder, lichte Wälder. Zeigt magere Böden an.

TYPISCH Bis zu 20 Blüten stehen zusammen wie an einem Schlüsselbund in einer Dolde. Das Merkmal der Echten Schlüsselblume sind orangefarbene Flecken auf ihren Blütenblättern. Die süß duftenden Blüten hängen oft zu einer Seite. Nach der Blüte ruht die Pflanze bis zum nächsten Frühling. Als Heilpflanze hat die Schlüsselblume eine lange Geschichte. Die Saponine aus ihrer Wurzel wirken schleimlösend und werden z. B. in homöopathischen Globuli verwendet. Die **HOHE SCHLÜSSELBLUME** *(Primula elatior)* bevorzugt trockenere Standorte. Ihre Blüten sind heller und ohne Flecken. Außerdem duften sie nur sehr schwach.

Die dreifarbige Blüte des Wilden Stiefmütterchens →
ist auffälliger als die des Acker-Stiefmütterchens.

Acker-Stiefmütterchen

Viola arvensis

Merkmale Höhe 5–45 cm. Blütezeit April bis Oktober. 1–2 cm kleine Blüten, weißgelb, selten blau oder violett. Stängel verzweigt, Blätter rundlich bis lang gezogen und eingekerbt.
Vorkommen Äcker, Ödflächen, Wegränder. Bevorzugt trockene, nährstoffreiche Böden.

TYPISCH Die „Stiefmütterchen"-Symbolik bezieht sich auf die Anordnung der 5 Kronblätter. Das untere steht für die Stiefmutter, deren leibliche Töchter an ihren Seiten sitzen. Alle 3 haben je 1 Kelchblatt. Die oben stehenden Kronblätter müssen sich ein Kelchblatt teilen – sie sind die Stieftöchter. Fehlen Insekten zur Bestäubung, können die Blüten sich auch selbst bestäuben. Die Inhaltsstoffe der Pflanze helfen bei Hauterkrankungen: Oft wird ein Tee auf die betroffenen Stellen gegeben. Manche Acker-Stiefmütterchen haben gegen Pestizide Resistenzen entwickelt. In Aussehen und Inhaltsstoffen ähnelt das **WILDE STIEFMÜTTERCHEN** *(Viola tricolor)* dem Acker-Stiefmütterchen sehr. Seine Blüten sind jedoch dreifarbig *(tricolor)* und werden bis zu 3 cm groß.

❶ Gelbe Narzisse

Narcissus pseudonarcissus

STECKBRIEF Höhe 20–40 cm • Blütezeit März bis Mai • Blüte gelb mit glockenförmiger Mitte, steht nickend am Stängelende • Schmale, bis 40 cm lange Laubblätter wachsen direkt aus der Zwiebel im Boden • In Gärten, Parks, Wiesen und Laubwäldern • Beliebte Zierpflanze, wächst kaum noch wild • Giftige Alkaloide können u. a. Übelkeit und Erbrechen verursachen.

❷ Südeuropäischer Winterling

Eranthis hyemalis

STECKBRIEF Höhe 5–15 cm • Blütezeit Februar bis April • Blätter und Blüten an kahlen, langen Stielen • Rundliche Blüte mit vielen gelben Staubblättern und grünem, fransigem Kragen • Laubblätter fächerartig gelappt • Wächst mehrjährig in Gärten, Gebüschen und Weinbergen, selten noch wild • Blüten vertragen Schnee • Liefert als eine der ersten Pflanzen im Jahr Nektar und Pollen für Hummeln und Bienen.

Die Raupen vieler Schmetterlingsarten sind von Brennnesseln abhängig.

Große Brennnessel

Urtica dioica

Merkmale Höhe 30–150 cm. Blütezeit Juli bis Oktober. Kantiger Stängel mit tief gesägten, zugespitzten Blättern. Gesamte Pflanze borstig behaart. Sehr kleine Blüten in Rispen, entweder männlich (stehend) oder weiblich (hängend).
Vorkommen An Weg- und Waldrändern, Gräben, auf Schuttplätzen. Zeigt Stickstoff an.

TYPISCH Eine sehr vielfältige und gesunde Pflanze. Ihre Brennhaare zerbrechen bei Berührung und geben eine säurehaltige Flüssigkeit in die Haut ab. Kochendes Wasser oder das Abstreifen der Pflanze mit Handschuhen machen die Brennhaare unschädlich. Roh und gegart schmecken die grünen Pflanzenteile sehr mild, die getrockneten Samen eignen sich als eiweißreiche Müslizutat. Die **KLEINE BRENNNESSEL** *(Urtica urens)* ist zwar insgesamt zierlicher, verursacht aber ein stärkeres Brennen. Im Gegensatz zur Großen Brennnessel ist der Zahn an der Blattspitze bei ihr nicht länger als die übrigen Zähne am Blattrand.

Stumpfblättriger Ampfer

Rumex optusifolius

Merkmale Höhe 50–120 cm. Blütezeit Juli bis August. Stängel rund, gefurcht, oft rötlich. Blätter oval, lang gestielt und am Rand gewellt. Am Boden bilden lang gestielte, große Laubblätter eine Rosette.
Vorkommen Wiesen, Weg- und Straßenränder, Äcker, Ödflächen. Zeigt Stickstoff an.

TYPISCH Mit seiner langen Pfahlwurzel kann der Stumpfblättrige Ampfer auch sehr festen Boden durchwachsen. Weil er sich rasch ausbreitet, aber weder als Viehfutter geeignet noch leicht einzudämmen ist, gilt er als unbeliebtes Unkraut.

Die Blätter lassen sich wie Spinat zubereiten, sollten wegen ihres Oxalsäuregehalts jedoch nur in Maßen verzehrt werden.

Der Mittlere Wegerich hat auffällig helle Blütenstände. →

Spitz-Wegerich

Plantago lanceolata

Merkmale Höhe 10–50 cm. Blütezeit Mai bis September. Lange Blütenstängel mit kleinen Ähren an der Spitze. Schmale, lange Laubblätter wachsen in einer Rosette am Boden. Die langen Staubblätter ragen weit aus den kleinen Blüten heraus.
Vorkommen Weiden, Wege, Äcker, Ödflächen.

TYPISCH Die Blütenknospen erinnern im Geschmack an Champignons. Sie schmecken, besonders leicht angeröstet, gut in Salaten oder Suppen. Mit Erscheinen der weißen Staubfäden vergeht der gute Geschmack. Es gibt viele Wegerich-Arten, die heilende Stoffe enthalten und die medizinisch genutzt werden. So können z. B. Schleimstoffe Hustenreiz mildern. Bei Regen verschleimen die Samen, kleben im Fell von Tieren fest und werden so verbreitet. Der **BREIT-WEGERICH** *(Plantago major)* hat seinem Namen entsprechend viel breitere, rundliche Blätter. Ähnlich breit sind auch die Blätter des **MITTLEREN WEGERICHS** *(Plantago media)*. Er besitzt aber auffällig weiße Blüten mit violetten Staubfäden.

Die Samenwolle brennt gut und wurde früher als Zunderersatz zum Feuermachen verwendet. →

Breitblättriger Rohrkolben

Typha latifolia

Merkmale Höhe 100–200 cm. Blütezeit Juli bis August. Steife, aufrecht wachsende Laubblätter. An langen Stängeln befinden sich im Spätsommer reife, braune Blütenkolben.
Vorkommen Gräben, Sümpfe und Gewässer mit vielen Nährstoffen.

TYPISCH Genau genommen ist die helle Kolbenspitze der männliche Blütenstand. Der dicke, weiche Abschnitt ist der weibliche Teil. Zur Reifezeit färbt er sich braun und zerfällt watteartig. Sowohl die Bestäubung als auch die Verteilung der Samen erfolgt durch Wind. Dank ihrer Behaarung schwimmen sie auf Wasser.

Die Samenwolle der Nussfrüchte wurde früher auch als Füllmaterial für Kopfkissen verwendet.

Zwar wird die Stiel-Eiche auch „Deutsche Eiche" → genannt, sie ist jedoch in ganz Europa heimisch.

Stiel-Eiche

Quercus robur

Merkmale Höhe bis 40 m. Blütezeit Mai. Borke grob gefurcht. Äste knorrig und unregelmäßig. Blätter gebuchtet und kurz gestielt. Eicheln lang gestielt.
Vorkommen In Wäldern, Parks, Alleen und Gärten.

TYPISCH Stiel- und **TRAUBEN-EICHE** *(Quercus petraea)* ähneln sich stark im Aussehen, lassen sich aber an Hand einiger Merkmale unterscheiden. Die Eicheln der Trauben-Eiche sind z. B. kaum gestielt, ihre Blätter dagegen schon. Bei der Stiel-Eiche ist es umgekehrt. Sie benötigt auch eine bessere Wasser- und Nährstoffversorgung als die Trauben-Eiche. Kreuzungen beider Arten sind möglich und es wird oft vereinfacht von der „Eiche" gesprochen. In der Mythologie ist die Eiche ein Symbol der Ewigkeit, denn sie kann über 1000 Jahren alt werden. Die Gattung *Quercus* existiert erdgeschichtlich schon sehr lange, weshalb sich weit mehr Insekten- und Pilzarten während ihrer Entwicklungsgeschichte an sie anpassen konnten als an andere Baumarten. Sie leben in den Furchen ihrer Borke, unterirdisch an ihren Wurzeln

↑ Die Blätter der Trauben-Eiche treiben im Frühjahr nach denen der Stiel-Eiche aus. Sie sind weniger tief gebuchtet und symmetrischer.

↑ Bei der Rot-Eiche sind die Lappen der Blätter zugespitzt.

oder weit oben in der Krone. Besonders das verrottende Holz ist die Lebensgrundlage vieler Arten. Pilze zersetzen es und schaffen so Nahrung für Insekten (z. B. Hirschkäfer) oder Höhlen für Fledermäuse und höhlenbrütende Vögel. Damit leisten Eichen einen entscheidenden Beitrag zur natürlichen Artenvielfalt. Die verwandte **ROT-EICHE** *(Quercus rubra)* kam Ende des 17. Jahrhunderts aus Nordamerika nach Europa. Sie ist robuster gegenüber den Auswirkungen des Klimawandels und integriert sich gut in unsere Waldökosysteme. Ihr Holz ist dem der Stiel- und Trauben-Eiche sehr ähnlich. Bedeutender Unterschied ist jedoch, dass ihr Holz im Gegensatz zu dem der beiden anderen Eichenarten nicht wasserdicht ist. Es eignet sich somit nicht für den Bau von z. B. Weinfässern.

Fest verankert: Ihre tiefe Pfahlwurzel verleiht Eichen auch bei Sturm einen sicheren Stand.

Bucheckern sind bei Vögeln und Eichhörnchen begehrte Energielieferanten. →

Rot-Buche

Fagus sylvatica

Merkmale Höhe bis 40 m. Blütezeit April bis Mai. Krone ausladend bis schlank. Borke glatt und grau. Blätter eiförmig, am Rand leicht wellig und behaart. Früchte (Bucheckern) in borstigem Becher.

Vorkommen In Wäldern und Parks. Weit verbreitet, schattenverträglich.

TYPISCH Für die Forstwirtschaft ist die Buche zurzeit der bedeutendste Laubbaum. Sie ist vielfältig für Möbel, Küchenutensilien einsetzbar und kann zur Papierherstellung verwendet werden. Der Klimawandel schadet ihr leider mehr als zunächst angenommen. Bucheckern dienten früher für Menschen und Tiere als energiereiches Nahrungsmittel. Die jungen Laubblätter schmecken zitronig-mild.

Ohne Buche kein Eis: Eisstiele werden hauptsächlich aus Buchenholz hergestellt.

1 Hainbuche

Carpinus betulus

STECKBRIEF Höhe bis 20 m • Blütezeit April bis Mai • Blätter wellig, zugespitzt, am Rand gesägt • Samen geflügelte, flache Nüsschen • Borke glatt, silbergrau, Stamm unregelmäßig gefurcht • In Hecken, an Waldrändern • Lässt fast jeden Formschnitt zu • Verliert die Blätter später als viele andere Laubbäume und treibt früh wieder aus • Ihr Laub verbessert Böden.

2 Hänge-Birke

Betula pendula

STECKBRIEF Höhe bis 25 m • Blütezeit April bis Mai • Borke glatt, weiß, papierartig fasernd, später rissig • Blätter rautenförmig, 3–7 cm lang, Blattrand gesägt • Lichte Wälder, Ödland, Heiden • Nährstoffarme, trockene Sandböden • Besiedelt Kahlflächen (Pionierbaumart) • Filigrane Gestalt, Zweige hängend und rau • Das Holz wird für Möbel und Instrumente sowie als Brennholz genutzt.

Im Herbst sind die roten Früchte ein Blickfang und für Vögel ein begehrtes Futter. →

Gewöhnliche Eberesche

Sorbus aucuparia

Merkmale Höhe 3–15 m. Blütezeit Mai bis Juni. Borke glatt. Laubblatt aus vielen Fiederblättchen, unterseits hell. Blüten weiß, kugelige Früchte rot.
Vorkommen Waldränder, Moore und Felsen. Nährstoffarme, lockere Böden.

TYPISCH Häufig wächst die Eberesche mehrstämmig, da sie sich über Wurzelausläufer vermehrt. Wie die Hänge-Birke ist sie ein Pionierbaum. Ihr Laub reichert Böden mit wertvollen Nährstoffen an und schützt sie mit weitreichenden Wurzeln vor Erosion durch Wasser und Wind. Die Art ist wertvoll für Säugetiere, Vögel und Insekten.

Eine echte „Vogelbeere". Über 60 Vogelarten wurden beim Fressen der roten Apfelfrüchte beobachtet.

Die mattschwarzen Knospen sind → unverwechselbar.

Gemeine Esche

Fraxinus excelsior

Merkmale Höhe 10–40 m. Blütezeit April bis Mai. Borke glatt und graugrün. Blätter in 9–15 Fiederblättchen unterteilt. Blütenrispen bräunlich. Früchte: geflügelte Samen.
Vorkommen Auenwälder, Bäche, Flüsse und steinige Hänge. Feuchte wie trockene Standorte, anspruchslos.

TYPISCH Weil es so gut zu verarbeiten ist, wird das zähe und biegsame Holz der Esche sehr geschätzt. Es eignet sich z. B. für Fußböden, Möbel, Werkzeugstiele oder Sportgeräte (Barren, Ruder, Ski usw.). Zudem leistet die Esche mit ihrem Wurzelwerk gute Dienste bei der Befestigung von Fluss- und Bachufern. Für zukünftige Klimabedingungen ist die Baumart gut geeignet. Leider gefährdet ein aus Asien eingeschleppter Pilz unsere Eschenbestände. Er verursacht das Eschentriebsterben, eine schwere Baumkrankheit. Dabei sterben erst die Triebspitzen und später oft der gesamte Baum ab. Ein wirksames Gegenmittel gibt es noch nicht. Die Blüten sind windbetäubend, dienen aber auch Bienen als Pollenquelle.

ÖKOLOGISCH NÜTZLICHE HECKENPFLANZEN

Handelsübliche Heckenpflanzen dienen vor allem als Sicht- und Windschutz und sind wegen ihrer oft ganzjährigen Belaubung beliebt. Die häufig aus wärmeren Klimazonen stammenden Arten bilden in unseren kurzen Sommern kaum Früchte aus. So bieten sie neben Rückzugsmöglichkeiten bestenfalls Nektar für Insekten, aber wenig weiteres Futter, z. B. für Vögel. Häufig unterschätzt wird zudem die oft hohe Giftigkeit einiger beliebter Heckengehölze – auch für Kinder und Haustiere. Die hier vorgestellten Arten Nr. 1 bis Nr. 6 sind alle, zumindest in Teilen, giftig! Die Arten Nr. 7 bis Nr. 11 sind nicht giftig.

Bessere Alternativen

Heimische Heckenpflanzen sind an das hiesige Klima gewöhnt

und wenig anfällig für Krankheiten oder Schädlingsbefall. Ihre Früchte reifen vollständig aus und bieten Vögeln und Insekten eine zuverlässige Nahrungsquelle. So werten Hecken aus heimischen Gehölzen den Garten sowohl optisch als auch ökologisch auf. Weitere Infos S. 334, Service: „Geeignete Wildsträucher für Ihren Garten“, NABU Hamburg.

1 **Lebensbaum** (*Thuja* sp.)
2 **Zypressen** (*Cupressus* sp.)
3 **Scheinzypressen** (*Chamaecyparis* sp.)
4 **Kirschlorbeer** (*Prunus laurocerasus*)
5 **Liguster** (*Ligustrum vulgare*)
6 **Gewöhnl. Berberitze** (*Berberis vulgaris*)
7 **Hainbuche** (*Carpinus betulus*)
8 **Haselnuss** (*Corylus avellana*)
9 **Schwarzdorn** (*Prunus spinosa*)
10 **Weißdorn** (*Crataegus* sp.)
11 **Kornelkirsche** (*Cornus mas*)

❶ Hunds-Rose

Rosa canina

STECKBRIEF Höhe 1–3 m • Blütezeit Juni • Bogig hängende oder kletternde Zweige • Stacheln breit, gebogen • Hellrosa Blüten mit gelben Staubblättern, 4–5 cm breit • Blätter aus 5–7 Fiederblättchen • Hecken, Wald- und Wegränder, Ödland • Zur Blütezeit angenehm duftend • Früchte (Hagebutten) reich an Vitamin C, beliebt als Tee oder Konfitüre.

❷ Gemeiner Sanddorn

Hippophaë rhamnoides

STECKBRIEF Höhe bis 5 m • Blütezeit März bis Mai • Blätter schmal und silbrig, 2–8 cm lang, bis 1 cm breit • Blüte unscheinbar bräunlich • Frucht leuchtend orange, kugelig, 8 mm • Böschungen, Dämme, Dünengebiete • Magere, trockene Standorte • Strauch sehr buschig und dornig, entweder männlich oder weiblich • Fruchtreife September bis Dezember • Inhaltsstoffe fördern das Immunsystem, z. B. als Saft, Konfitüre oder Chutney.

3 Gemeiner Wacholder

Juniperus communis

STECKBRIEF Höhe 1–12 m • Blütezeit April bis Mai • Männliche und weibliche Blüten auf getrennten Sträuchern • Zweige dicht besetzt mit stechenden Nadeln, oft zu dritt im Quirl stehend • Heiden, lichte Wälder • Anspruchslos • Grüne „Wacholderbeeren" sind eigentlich Zapfen, im 2. oder 3. Jahr reif, Farbe zunehmend blau • Verwendung als Gewürz, zum Räuchern oder für Gin.

4 Besenheide

Calluna vulgaris

STECKBRIEF Höhe 30–100 cm • Blütezeit August bis Oktober • Zweige aufrecht, dachziegelartig besetzt mit 2–4 mm langen Laubblättern • Blüten ca. 4 mm groß, in Trauben an den Zweigspitzen sitzend • Wächst v. a. in Heiden, lichten Kiefernwäldern und Mooren • Auf sandigen, sauren Böden • Besenartiger Wuchs • Färbt zur Blüte ganze Landschaften violett (z. B. Lüneburger Heide) • Würziger Heidehonig gilt als Besonderheit.

Vor dem Laubaustrieb sind die gelbgrünen Blüten zu sehen. →

Berg-Ahorn

Acer pseudoplatanus

Merkmale Höhe bis 25 m. Blütezeit Mai. Blätter in 5 bauchige Lappen unterteilt, Blattrand grob gesägt. Die Blüten hängen in Trauben, Samen propellerartig geflügelt.
Vorkommen Gebirgswälder, Parks, Gärten. Feuchte, nährstoffreiche Böden.

TYPISCH Wuchs und Silhouette des Baums ähneln etwas der Trauben- bzw. Stiel-Eiche (S. 294), das Holz ist ähnlich wertvoll. Die gelbgrünen Blüten sind im Frühling eine wichtige Nahrungsquelle für Bienen und andere Insekten. Im Spätherbst trennen sich die zwei Flügelchen der reifen Samen voneinander. Jeder Samen schwebt dann wie ein kleiner Hubschrauber im Sinkflug zu Boden.

20 Vogelarten fressen die Samen des Berg-Ahorns. Darunter sind zum Beispiel Meisen, Finken und Kleiber.

❶ Spitz-Ahorn

Acer platanoides

STECKBRIEF Höhe bis 25 m • Blütezeit April bis Mai • Blätter fünflappig mit spitzen großen Zähnen • Samenflügel stehen waagerecht • Wuchs anfangs gleichförmig, Äste gegenständig • Verbreitet, anspruchsloser als Berg-Ahorn • Im Frühling führt Ahorn zuckerhaltigen Saft in der Rinde, zur Gewinnung von Sirup eignet sich aber nur der **ZUCKER-AHORN** *(A. saccharum)*.

❷ Feld-Ahorn

Acer campestre

STECKBRIEF Höhe bis 20 m • Blütezeit Mai bis Juni • Borke hellbraun und netzartig gerissen, Zweige teilweise mit Korkleisten • Blätter drei- bis fünffach gelappt, meist kleiner als 10 cm • Samenflügel waagerecht • Wuchs häufig strauchförmig • Waldränder, Hecken, Feldgehölze • Nährstoffreiche, feuchte, milde Standorte • Weltweit am weitesten verbreitete Ahorn-Art • Anders als bei Berg- und Spitz-Ahorn treiben die Blätter vor den Blüten aus.

Markenzeichen ist der marmorierte Stamm. ⟶

Ahornblättrige Platane

Platanus acerifolia

Merkmale Höhe bis 40 m. Blütezeit Mai. Gelb- bis graubraune Borke löst sich schuppig ab. Das drei- bis fünffach gelappte Blatt ähnelt dem eines Ahorns. Die Früchte sind Nüsse in kugeligen Kapseln mit langem Stiel.
Vorkommen Vor allem in Parks und Alleen. Geringe Standortansprüche.

TYPISCH Über den Winter bleiben die Früchte noch am Baum hängen. Im Frühjahr zerfasert ihre Hülle und die meist zwei Nüsse fallen zu Boden. Weil die Ahornblättrige Platane mit wenig Nährstoffen, Trockenheit und extremen Temperaturen zurechtkommt, ist sie ein beliebter Stadtbaum.

Ist dieser Baum krank? Nein. Weil der Stamm dicker wird, reißt die Borke ein und platzt ab. Das ist für diese Art normal.

Im Gegensatz zu den Früchten der Edelkastanie → sind die der Rosskastanie nicht essbar.

Rosskastanie

Aesculus hippocastanum

Merkmale Höhe bis 20 m. Blütezeit Mai bis Juni. Blätter fingerartig fünffach geteilt und am Rand gesägt. Knospen dick und klebrig, Früchte in stacheligen Kapseln.
Vorkommen Parks, Alleen und Gärten, seltener Wälder. Nährstoffreiche, frische Böden.

TYPISCH Ihre Blattform macht die Rosskastanien unverwechselbar. Auch ihre auffälligen Blüten sind für einen Baum in unseren Breiten eher ungewöhnlich. Wegen ihres flachen Wurzelsystems hat man Rosskastanien früher über unterirdische Bierkeller gepflanzt. Ihr Schatten und die von den Wurzeln im Boden gehaltene Feuchtigkeit kühlten das lagernde Bier. So kam die Rosskastanie zu ihrem Stammplatz in vielen Biergärten. Obwohl die Art vor der letzten Eiszeit in ganz Mitteleuropa natürlich verbreitet war, wird sie heute eher zur Zierde gepflanzt. Leider macht ihr der Klimawandel zunehmend zu schaffen und die Blätter welken durch den Fraß von den Larven der Kastanienminiermotte oft schon im Sommer.

Eine stachelige Kapsel schützt die wohlschmeckenden Früchte. ⟶

Edelkastanie

Castanea sativa

Merkmale Höhe bis 30 m. Blütezeit Juni. Blätter 15–30 cm lang und bis 8 cm breit, am Rand spitz und grob gezähnt. Früchte in stacheliger Hülle. **Vorkommen** Eichenwälder, Weiden, Gärten. Auf nährstoff- und kalkarmen Böden.

TYPISCH Die Edelkastanie ist gar nicht mit der Rosskastanie verwandt, sondern gehört zu den Buchengewächsen. Ihre Anbauregionen liegen oft in Weinbaugebieten. Als wärmeliebende Baumart mit begehrtem Holz ist sie ein Hoffnungsträger im Hinblick auf den Klimawandel. Im Alter entstehen im Holz oft Höhlen, die Tieren als Unterschlupf dienen. Die essbaren Nussfrüchte werden allgemein „Maronen" genannt. Dabei handelt es sich aber um eine Zuchtform der Edelkastanie mit für den Verzehr optimierten Früchten – diese sind größer und aromatischer als die kleineren Esskastanien der ursprünglichen Form. Beide Fruchtformen lassen sich vielfältig zubereiten. Sie schmecken gekocht oder geröstet süßlich und waren in manchen Regionen zeitweise ein Grundnahrungsmittel.

Reife Walnüsse fallen ab Ende September zu Boden, die grüne Hülle löst sich auf. →

Echte Walnuss

Juglans regia

Merkmale Höhe 5–25 m. Blütezeit Mai. Borke silbergrau und glatt. Blatt in bis zu 9 Fiederblätter unterteilt. Essbare Nussfrucht in grüner Hülle. **Vorkommen** Vor allem in Gärten und Plantagen. Bevorzugt nährstoffreiche und feuchte Böden.

TYPISCH Besonders in Frankreich gibt es große Walnussplantagen. Dort produziert ein Baum in guten Jahren bis zu 150 kg Nüsse. Beim Schälen der grünen Hülle unreifer Nüsse färben sich die Finger durch den Inhaltsstoff Juglon braun. Im Boden wirkt die Substanz keim- und wachstumshemmend auf andere Pflanzen. Walnussholz ist wegen seiner Marmorierung begehrt und zählt zu den wertvollsten Hölzern.

Isst man ca. 50 g Walnüsse jeden Tag, kann das die Konzentrationsfähigkeit verbessern.

An einem Zweig hängen 2-4 männliche →
Blütenkätzchen zusammen.

Gemeine Hasel

Corylus avellana

Merkmale Höhe 2–6 m. Blütezeit Februar bis April. Mehrstämmig-strauchiger Wuchs. Blatt rundlich-oval mit Spitze, Rand unregelmäßig doppelt gesägt. Bis zu 10 cm lange Kätzchen, die den Pollen produzieren. Nüsse in dünner, fransiger Fruchthülle.
Vorkommen An Waldrändern, in Hecken und Feldgehölzen. Verbreitet und anspruchslos.

TYPISCH Für Bienen sind die männlichen Blütenkätzchen eine der ersten Nahrungsquellen im Jahr. Sie benötigen den eiweißhaltigen Pollen für den Aufbau ihres Volks. Die Bienen wirken dabei allerdings nicht als Bestäuber, weil sie im Anschluss nicht die weiblichen Blüten aufsuchen. Die Bestäubung der weiblichen Blüten erfolgt vielmehr durch den Wind. An windigen Frühlingstagen kann man den Pollen aus den Kätzchen wehen sehen. Haselsträucher bieten vielen Tieren einen wertvollen Lebensraum. Das Gehölz eignet sich hervorragend als Wind- und Sichtschutz in naturnahen Gärten, weil es auch nach einem starken Rückschnitt wieder kräftig austreibt.

Eine Biene an den Blütenkätzchen der Sal-Weide.

Sal-Weide

Salix caprea

Merkmale Höhe 3–8 m. Blütezeit März bis April, lange vor dem Laubaustrieb. Blätter eiförmig, unterseits weich behaart. Die einzelnen Pflanzen sind entweder männlich oder weiblich.
Vorkommen Waldränder, Böschungen, Dämme. Bei guter Wasserverfügbarkeit anspruchslos.

TYPISCH Aus den silbrig-weichen männlichen Blütenkätzchen ragen leuchtend gelbe Staubbeutel. Sie liefern Insekten sehr viel kostbaren Pollen. Weil die Sal-Weide außerdem viel Nektar produziert, zählt sie aufgrund ihrer frühen Blütezeit zu den wichtigsten Bienenpflanzen. Inhaltsstoffe der Rinde wirken schmerzstillend und fiebersenkend. Weidenrinde hat eine lange Tradition als Arznei gegen Kopf- und Gliederschmerzen.

Weidenstecklinge wachsen in feuchter Erde weiter und lassen sich zu lebenden Zäunen oder Lauben flechten.

Männliche und weibliche Blüten hängen zusammen →
am Baum, weibliche sind sehr viel kleiner.

Schwarz-Erle

Alnus glutinosa

Merkmale Höhe bis 25 m. Blütezeit März bis April. Borke dunkelgrau bis schwarz. Blätter oval, oft mit eingekerbter Spitze. Aus den weiblichen Blüten entstehen ca. 2 cm lange Zapfen.
Vorkommen In Auenwäldern, Mooren, an Gewässerufern und auf feuchten Wiesen. Auf nassen, nährstoffreichen Böden.

TYPISCH Selbst länger andauerndes Hochwasser übersteht die Schwarz-Erle schadlos. So wächst sie mancherorts konkurrenzlos. Ihr Holz ist entsprechend wasserbeständig. Ein Beispiel für seinen Einsatz sind die Pfähle, auf denen Venedig errichtet wurde. Knospen sowie junge Blätter und Triebe fühlen sich klebrig an. Sie geben Hinweis auf den Namen der Baumart (*glutinosa* = klebrig).

Die klebrigen jungen Triebe dienten früher in Häusern als Fliegenfänge.

Die Knospen der Zitter-Pappel sind auffallend spitz. →

Zitter-Pappel

Populus tremula

Merkmale Höhe 10-25 m. Blütezeit März bis April. Rundliche Blätter mit welligem Rand und langem Stiel. Die Blütenkätzchen erscheinen vor den Blättern, ausgereift zerfallen sie watteartig.
Vorkommen Waldränder, lichte Wälder und Hecken, auch Straßenränder. Anspruchslos, erträgt Überschwemmung.

TYPISCH Die lichtliebende Zitter-Pappel (auch Aspe oder Espe) ist eine typische erste Baumart auf verwaldenden Freiflächen. An langen Stielen flattern ihre Blätter schon bei leichtem Wind – sie „zittern wie Espenlaub". Pappeln wachsen in der Jugend schnell und schlagen mit vielen Trieben neu aus, nachdem sie abgesägt wurden. Dadurch eignen sie sich gut für den Anbau als Energieholz. Auf sogenannten „Kurzumtriebsplantagen" erfolgt etwa alle 5 Jahre ein Rückschnitt. Das geerntete Holz wird für Holzheizungen oder auch in der Papierindustrie genutzt, ebenso für die Produktion von Streichhölzern. Pappelholz ist sehr weich und eines der leichtesten europäischen Laubhölzer.

HÄUFIGE BÄUME IN DER STADT

Städte sind im Durchschnitt etwa 3–5 °C wärmer und außerdem trockener als Lebensräume auf dem Land. Die Böden sind zudem nährstoffarm und belastet von Streusalz und dem Urin zahlreicher Hunde. Nicht zuletzt führt die dichte Bebauung dazu, dass dem Wurzelsystem der Bäume kaum noch Platz bleibt, um sich ausreichend mit Wasser und Nährstoffen zu versorgen. Stadtbäume müssen also mit sehr schweren Bedingungen zurechtkommen. Darum erreichen sie oft nur ein Drittel ihrer üblichen Lebenserwartung. Doch gerade in der Stadt sind Bäume wichtige Klimaregulatoren. Mit ihren schattigen Kronen sorgen sie für ein kühleres Stadtklima, sie reduzieren Lärm und filtern Feinstaub aus der Luft. Natürlich binden Stadtbäume auch CO_2. Aus diesen Gründen sollten in Städten unbedingt mehr Bäume gepflanzt werden – auch wenn manchmal Pollen, herabtropfender Nektar und herabfallendes Laub unbeliebte Begleiterscheinungen sind.

1 **Sommer-Linde** *(Tilia platyphyllos)*
2 **Winter-Linde** *(Tilia cordata)*
3 **Berg-Ahorn** *(Acer pseudoplatanus)*
4 **Spitz-Ahorn** *(Acer platanoides)*
5 **Ahornblättrige Platane** *(Platanus acerifolia)*
6 **Stiel-Eiche** *(Quercus robur)*
7 **Trauben-Eiche** *(Quercus petraea)*
8 **Rosskastanie** *(Aesculus hippocastanum)*
9 **Hainbuche** *(Carpinus betulus)*
10 **Berg-Ulme** *(Ulmus glabra)*

❶ Wald-Himbeere

Rubus idaeus

STECKBRIEF Höhe bis 2 m • Blütezeit Mai bis Juni • Blätter aus 3–7 Fiederblättchen mit doppelt gesägtem Rand • Triebe unverzweigt • Waldlichtungen, Wegränder, Ödflächen • Feuchte, nährstoffreiche Böden • Viele einzelne Früchtchen bilden eine Himbeere (Sammelsteinfrucht) • Früchte der Wildform kleiner als die der Kultursorten, aber ähnlich aromatisch.

❷ Echte Brombeere

Rubus fruticosus

STECKBRIEF Höhe 1–4 m • Blütezeit Mai bis August • Stängel lang, bogig, mit vielen spitzen Stacheln • Überwuchert rasch andere Pflanzen • Gebüsche, Waldränder, Freiflächen • Im Schutz hoher Brombeersträucher verstecken sich gern Wildschweine • Erst tiefschwarze Brombeeren sind reif, sie schmecken aromatisch-süß und sind sehr gesund • Die Inhaltsstoffe können u. a. die Zellalterung verlangsamen und die Abwehrkräfte stärken.

❸ Preiselbeere

Vaccinium vitis-idaea

STECKBRIEF Höhe 5–15 cm • Blütezeit Mai bis August • Blätter klein und oval, oberseits glänzend • Entwickelt rote Beeren, die roh sehr sauer sind und erst verarbeitet schmecken • Kiefern- und Fichtenwälder, Heiden, Moore • Auf nährstoffarmen, sauren Böden • Nicht zu verwechseln mit der Cranberry • Die Beeren sind sehr gesund • Samenverbreitung über Vögel.

❹ Heidelbeere

Vaccinium myrtillus

STECKBRIEF Höhe 15–50 cm • Blütezeit April bis August • Zweige kantig und immergrün, spät verholzend • Blüten glockenförmig, hellgrün bis rötlich überlaufen • Blätter fallen im Herbst ab • Wälder und moorige Heiden • Auf frischen, mageren und sauren Böden • Grüne Triebe sind wichtiges Winterfutter für Wild • Die Wildform und ihre Beeren sind kleiner als die Kultursorten, Farbe und Aroma aber deutlich intensiver.

❶ Holz-Birne

Pyrus pyraster

STECKBRIEF Höhe: Baum bis 20 m, Strauch bis 4 m • Blütezeit April bis Mai • Blätter lang gestielt, am Rand fein gesägt • Äste mit spitzen Dornen • Blüten weiß • Früchte klein, rundlich und lang gestielt, schmecken eher herb • Wald- und Wegränder, Feldgehölze • Nährstoffreiche Böden • Wildform unserer Kultursorten • Harte „Steinzellen" in den Früchten.

❷ Holz-Apfel

Malus sylvestris

STECKBRIEF Höhe: Baum bis 10 m, Strauch bis 5 m • Blütezeit April bis Mai • Kurze, dornige Äste • Blätter eiförmig, am Rand gesägt • Bis zu 8 weiße bis hellrosa Blüten in Dolden • Tischtennisballgroße Früchte gelbgrün, herb-sauer, Sonnenseite selten gerötet • Weg- und Waldränder, Wiesen • Nährstoffreiche, feuchte Böden • Urform der Kulturapfelsorten • Mittlerweile gibt es nur noch wenige echte Wild-Apfel-Bestände (gefährdete Art).

Zwischen Trieb und Wirtsbaum bilden sich unscheinbare Haftwurzeln. →

Gemeiner Efeu

Hedera helix

Merkmale Höhe 0,5–20 m. Blütezeit September bis November. Kletterstrauch, der mit Haftwurzeln an Stämmen und Oberflächen in die Höhe wächst. Blätter immergrün, ledrig, oberseits glänzend und hell geadert.
Vorkommen Laubwälder, Parks, Gärten und Mauern. Mag nährstoffreiche Böden.

TYPISCH Die Blätter sind nur an den Blütentrieben oval geformt, ansonsten sind sie drei- bis fünflappig. Wegen der ungewöhnlichen Blütezeit ist Efeu eine bedeutende Nektar- und Pollenquelle. Zu Jahresbeginn fressen Vögel seine Beeren. Sie suchen auch gern in den Zweigen Schutz. Der Kontakt mit dem Pflanzensaft (z. B. beim Rückschnitt) kann Hautallergien auslösen.

Efeu nutzt große Bäume als Stütze und schadet ihnen meist nicht. Er kann sie sogar vor Sonnenbrand und Frostrissen schützen.

Die Sommer-Linde bildet nur 2-4 Blüten je Dolde aus.

Winter-Linde

Tilia cordata

Merkmale Höhe bis 25 m. Blütezeit Juni bis Juli. Stamm eher kurz, Äste knorrig. Blätter herzförmig, Stielansatz auf der Unterseite rosa behaart. Frucht kugelig, lang gestielt, lässt sich zerdrücken.
Vorkommen Städte, Alleen, Parks, auch Wälder. Bevorzugt milde Regionen.

TYPISCH Linden können über 1000 Jahre alt werden. Weil die Art als Gerichtslinde verwendet wurde, ist sie in vielen Ortskernen verbreitet. Linden werden von Insekten bestäubt und bieten diesen viel Pollen und Nektar. Mit einem Tragblatt können die Früchte im Wind davonsegeln. Weil viele Tier- und Pilzarten an und auf der Linde leben, hat sie einen hohen ökologischen Wert. Ihr Laub ist stark bodenverbessernd und das weiche Holz beliebt zum Schnitzen. Die Linde wirkt heilend, der Tee aus ihren Blüten ist fiebersenkend und schleimlösend. Die **SOMMER-LINDE** *(Tilia platyphyllos)* erkennt man an den weißen „Bärten“ zwischen den Blattadern auf der Blattunterseite. Ihre Blätter sind zudem viel länger (8–12 cm) und dünner als die der Winter-Linde (4–7 cm). Ihre Früchte lassen sich nicht zerdrücken.

❶ Vogel-Kirsche

Prunus avium

STECKBRIEF Höhe 2–25 m • Blütezeit April bis Mai • Borke übersät mit Querstreifen • Die weißen Blütenbüschel erscheinen vor den Blättern • Blätter dünn und elliptisch • Kirschen rot bis schwarz • Wälder, Waldränder, Hecken • Nährstoffreiche, eher trockene Böden • Ameisen fressen Nektar aus den Drüsen an den Blattstielen und vertreiben Ungeziefer • Wertvolles Holz.

❷ Schwarzer Holunder

Sambucus nigra

STECKBRIEF Höhe 3–7 m • Blütezeit Juni bis Juli • Wächst strauchförmig • Duftende weiße Blüten in Dolden zusammengefasst • Blätter mit 3–9 Fiederblättchen, riechen zerrieben unangenehm • Junge Äste grün • Schwarzviolette Steinfrüchte 3–9 mm groß, rote Stiele • Wald- und Wegränder, Hecken • Feuchte, nährstoffreiche Böden • Der leckere Saft aus den vitaminreichen Früchten ist ein gutes Hausmittel gegen Erkältungen.

Im Mai wachsen zarte neue Triebe, die essbar sind. ⟶
Vorsicht: Verwechslungsgefahr mit der giftigen Eibe.

Gemeine Fichte

Picea abies

Merkmale Höhe bis 50 m. Blütezeit April bis Juni. Stamm ebenmäßig, Borke schuppig. Nadeln bis 2,5 cm lang, gerade, vierkantig und spitz. Hängende, lange Zapfen.
Vorkommen Nadel- und Mischwälder. Anspruchslos, gern auf feuchten Böden.

TYPISCH Löst man eine Nadel vom Trieb einer Fichte, bleibt, im Gegensatz zu Tannen, ein Stück Borke an ihr hängen. Bei genug Platz bildet der Baum ausladende Äste aus, die bis auf den Boden hängen. Unter solchen Ästen sucht das Wild im Winter gern Schutz. Fichtenholz ist ein beliebtes Konstruktionsholz, weil es leicht und gleichzeitig sehr stabil ist. Lange Zeit hat die Forstwirtschaft die Fichte intensiv angebaut. In Deutschland ist sie heute die häufigste Baumart. Stürme und Trockenheit als Folgen des Klimawandels und Massen von Borkenkäfern führen jetzt aber zu großen Verlusten. Das flache Wurzelsystem macht den Baum sehr sturmanfällig. Vielerorts wird die Fichte nun schrittweise durch klimastabile Arten ersetzt, z. B. Eichen, Ahorne, Douglasie.

Douglasienholz weist häufig einen rötlichen Farbstich auf. →

Douglasie

Pseudotsuga menziesii

Merkmale Höhe 40–100 m. Blütezeit April bis Mai. Borke tiefrissig. Nadeln flach, unterseits mit 2 hellen Streifen. Zapfen hängend, kleiner als bei der Fichte. Dreizipfelige Samenschuppen.
Vorkommen In Nadel- und Mischwäldern, Parks. Auf trockenen bis frischen Böden, insgesamt anspruchslos.

TYPISCH Zerrieben duften die Nadeln angenehm nach Zitrusfrüchten. Die aus Nordamerika stammende Art wächst schnell und ist der wichtigste nicht-heimische Nadelbaum für die Forstwirtschaft in Deutschland, Österreich und der Schweiz. Ihre Zapfen sind an den herausragenden Samenschuppen leicht zu erkennen. Ihr vielseitiges Holz ist gegenüber Fichtenholz auch im Freien dauerhaft.

Riesig: Douglasien zählen zu den höchsten Bäumen. 100 m Höhe erreichen sie aber vor allem in ihrer Heimat Nordamerika.

Heimat der trockentoleranten Weymouth-Kiefer ist das westliche Nordamerika.

Wald-Kiefer

Pinus sylvestris

Merkmale Höhe bis 40 m. Blütezeit Mai bis Juni. Krone kegel- bis schirmförmig. Es stehen immer 2 Nadeln zusammen, oft jeweils einmal um ihre Achse gedreht. Borke am Stammfuß grob und graubraun, weiter oben dünn und rötlich. Holzige Zapfen kugelig bis eiförmig.
Vorkommen Heiden, Moore, Steilhänge, Küsten. Sonnige Standorte.

TYPISCH Nach der Fichte ist die anspruchslose Kiefer die zweithäufigste Baumart in Deutschland. Je nach Standort kann ihr Wuchs breit-buschig bis schlank und hoch sein. Die Nadeln bleiben meist 2–4 Jahre am Baum. Im Schatten anderer Bäume kann sie nicht existieren. Ihr Holz ist ein gefragtes Konstruktionsholz. Ätherische Öle der Kiefer helfen bei Erkältungen und sind z. B. in Saunaaufgüssen enthalten. Noch filigraner sind die Nadeln der **WEYMOUTH-KIEFER** *(Pinus strobus)*. Mit 14 cm können ihre Nadeln doppelt so lang werden wie die der Wald-Kiefer. Sie stehen zu fünft in Bündeln. Auch ihre Zapfen werden mit bis zu 20 cm deutlich länger.

1 Europäische Lärche

Larix decidua

STECKBRIEF Höhe bis 35 m • Blütezeit März bis Juni • Je 20–40 weiche Nadeln stehen in Büscheln am Zweig und treiben jährlich neu aus • Herbstfärbung goldgelb • Zapfen eiförmig, bis 4 cm lang, hängen auch nach der Samenreife noch jahrelang am Baum • Natürlich im Alpenraum, häufig als Forstbaum gepflanzt, lichtliebend • Vielseitiges Holz, sehr witterungsbeständig.

2 Eibe

Taxus baccata

STECKBRIEF Höhe bis 15 m • Blütezeit März bis Mai • Nadeln gescheitelt, weich, flach, zugespitzt • Junge Triebe grün, Stamm rötlich braun • Die Frucht ist eine Scheinbeere, Samen umgeben von roter Hülle aus Fruchtfleisch • Alle Teile außer der Fruchthülle sind giftig • In Wäldern, Parks und Gärten • Wächst nur 1–3 cm im Jahr • Wird bis zu 3000 Jahre alt • Schlägt als einzige Nadelbaumart nach der Fällung wieder aus • Besonders geschützt.

Junge Triebspitzen von Tannen sind essbar – nur kleine Mengen ernten! →

Weiß-Tanne

Abies alba

Merkmale Höhe bis 50 m. Blütezeit Mai bis Juni. Borke hellgrau. Tonnenförmige, bis zu 16 cm lange Zapfen stehen aufrecht. Dunkelgrüne, weiche Nadeln mit stumpfer oder gekerbter Spitze sitzen mit „Füßchen" am Trieb. Auf der Nadelunterseite 2 helle Streifen.
Vorkommen Nadel- und Mischwälder, Parks. Anspruchslos an Böden.

TYPISCH Die Weiß-Tanne bevorzugt besonders das Gebirgsklima. Ihr tief reichendes Pfahlwurzelsystem macht sie sehr sturmfest. Die Zapfen zerfallen, wenn sie reif sind, noch am Baum. Somit findet man am Boden kaum reife Tannenzapfen. Was man findet, sind meist Zapfen von Fichten oder anderen Nadelbäumen. Tannenholz ist harzfrei, hell und wetterbeständig. Ähnlich, aber mit kürzeren und dichter stehenden Nadeln versehen, ist die **NORDMANN-TANNE** *(Abies nordmanniana)*. Sie wird weniger als Forstbaum, sondern vielmehr auf Plantagen angebaut und meist nach 8–10 Jahren als Weihnachtsbaum geerntet. Über 80 % der deutschen Weihnachtsbäume sind Nordmann-Tannen.

Gingkofrüchte ähneln Mirabellen, riechen aber unangenehm. →

Ginkgo

Ginkgo biloba

Merkmale Höhe 30–40 m. Blütezeit April bis Mai. Borke grau und rissig. Blätter fächerförmig oder mit Kerbe, ledrig, lang gestielt. Blattnerven parallel. Samen in runder, fleischiger Hülle, riechen reif unangenehm nach Buttersäure.
Vorkommen Innenstädte, Parks und Gärten. Anspruchslos.

TYPISCH Im 18. Jahrhundert kam der Ginkgo als Parkbaum aus China nach Europa. Seine einzigartig geformten Blätter sind im Herbst leuchtend gelb gefärbt und treiben jährlich neu aus. Es gibt weibliche und männliche Bäume - die stinkenden Samen wachsen somit nur an weiblichen Bäumen. Obwohl der Ginkgo auf den ersten Blick ein Laubbaum ist, gehört er u. a. wegen des Aufbaus seiner Samen zu den Nadelgehölzen. Er ist die letzte noch lebende Art aus der Familie der Ginkgobaumgewächse. Laut Fossilienfunden existierten Ginkgobäume schon vor 250 Millionen Jahren und werden daher als „lebendige Fossilien“ bezeichnet. Extrakte aus seinen Blättern sollen bei Gedächtnisproblemen helfen.

FARNE, SCHACHTELHALME UND MOOSE

Farne besiedelten schon vor 400 Millionen Jahren die Erde. Sie zählen nicht zu den Blütenpflanzen, sondern zu den Sporenpflanzen – ihre Vermehrung findet über feine Sporen statt. Farne haben riesige Mengen an DNA (Erbinformation). Dadurch sind sie extrem anpassungsfähig, weshalb sie noch heute existieren. Vor allem in schattigen, feuchten Wäldern entrollen sie im Frühling ihre Wedel. **Schachtelhalme** sind mit Farnen verwandt und vermehren sich ebenfalls über Sporen. Sie sind dank ihrer Triebe aus röhrenförmigen Abschnitten, die ineinander geschachtelt sind, sowie der in Quirlen angeordneten Seitenäste unverkennbar. **Moose** sind die ältesten Landpflanzen und vermehren sich ebenfalls über Sporen. Viele Stämmchen mit blättchenähnlichen Strukturen bilden ganze Teppiche, die meist nur eine Handbreit hoch wachsen. Moose können viel Wasser speichern und kommen mit sehr wenig Licht zurecht. Wenn sie doch einmal austrocknen, gehen sie in einen Ruhezustand über, der durch den Kontakt mit Regen, Tau oder Nebel wieder beendet wird. Sie können ganze Lebensräume prägen, wie z. B. Torfmoose in Hochmooren.

1 **Gewöhnlicher Wurmfarn** *(Dryopteris filix-mas)*
2 **Adlerfarn** *(Pteridium aquilinum)*
3 **Gewöhnlicher Tüpfelfarn** *(Polypodium vulgare)*
4 **Wald-Schachtelhalm** *(Equisetum sylvaticum)*
5 **Goldenes Frauenhaarmoos** *(Polytrichum commune)*
6 **Schwanenhals-Sternmoos** *(Mnium hornum)*
7 **Torfmoos** (*Sphagnum* spec.)

SERVICE

APP-CODES DER TIERSTIMMEN

Art	Seite	Code
Abendsegler	140	022
Alpensteinbock	124	005
Amsel	166	048
Austernfischer	154	033
Baummarder	136	017
Biber	146	024
Bisam	147	025
Blaumeise	168	052
Braunbär	129	011
Buchfink	174	058
Buntspecht	162	042
Dachs	127	009
Damhirsch	121	002
Dunkle Erdhummel	211	077
Eichelhäher	181	067
Eichhörnchen	139	021
Eisvogel	179	065
Elster	180	066
Erdhummel	211	077
Erdkröte	192	073
Feldlerche	164	044
Feldmaus	143	023
Feldsperling	176	061
Fischotter	135	016

Art	Seite	Code
Gämse	124	006
Gartenrotschwanz	171	056
Gelbbauchunke	189	069
Gemeine Stechmücke	207	075
Gemeiner Grashüpfer	214	080
Gewöhnliche Wespe	212	078
Gimpel	175	059
Grasfrosch	191	072
Grashüpfer	214	080
Graugans	152	030
Großer Abendsegler	140	022
Grünes Heupferd	214	081
Grünfink	174	057
Grünspecht	163	043
Haubenlerche	164	045
Hausrotschwanz	171	055
Haussperling	176	060
Hermelin	137	019
Heupferd	214	081
Höckerschwan	153	031
Honigbiene	210	076
Hornisse	212	079
Igel	149	026
Jagdfasan	157	039

Art	Seite	Code
Kanadagans	151	029
Kegelrobbe	133	015
Kleiber	177	062
Kohlmeise	168	051
Kreuzkröte	193	074
Kuckuck	167	050
Lachmöwe	155	034
Laubfrosch	191	071
Luchs	130	012
Murmeltier	125	007
Nachtigall	169	053
Nonnengans	151	028
Rauchschwalbe	165	047
Rebhuhn	157	038
Reh	122	003
Ringeltaube	156	037
Rotfuchs	126	008
Rothirsch	120	001
Rotkehlchen	170	054
Schleiereule	159	041
Seehund	132	014
Silbermöwe	155	035
Singdrossel	166	049
Stadttaube	156	036

Art	Seite	Code
Star	165	046
Stechmücke	207	075
Steinbock	124	005
Steinmarder	136	018
Stockente	150	027
Tannenhäher	181	068
Teichfrosch	190	070
Uhu	158	040
Waschbär	138	020
Weißstorch	153	032
Wespe	212	078
Wildkatze	131	013
Wildschwein	123	004
Wintergoldhähnchen	178	063
Wolf	128	010
Zaunkönig	178	064

Hier findet ihr alle Codes der Tiere in alphabetischer Reihenfolge nach Artnamen. Alle weiteren Infos zur App stehen auf der hinteren, inneren Umschlagklappe.

NÜTZLICHE ADRESSEN

Naturschutzbund Deutschland (NABU) e. V.
NABU-Bundesgeschäftsstelle
Charitéstr. 3
D-10117 Berlin
www.nabu.de

Deutsche Wildtier Stiftung
Christoph-Probst-Weg 4
D-20251 Hamburg
www.deutschewildtierstiftung.de

| naturschutzbund | Österreich
Museumsplatz 2
A-5020 Salzburg
Österreich
www.naturschutzbund.at

Pro Natura
Dornacherstrasse 192
CH-4053 Basel
Schweiz
www.pronatura.ch

SCHWEGLER Vogel- und Naturschutzprodukte GmbH
Heinkelstraße 35
D-73614 Schorndorf
www.schwegler-natur.de

Strobel Naturschutzbedarf
Nitzschkaer Straße 29
D-04626 Schmölln-Kummer
www.naturschutzbedarf-strobel.de

Vogel- und Naturschutzbedarf Vivara Naturschutzprodukte
Postfach 2520
D-41312 Nettetal-Kaldenkirchen
www.vivara.de

Beobachtungen melden

Schweinswalsichtungen melden Deutsches Meeresmuseum Stralsund
www.meeresmuseum.de/sichtungen

Pflanzen- und Tierbeobachtungen melden
www.naturgucker.de
www.ornitho.de

Geeignete Wildsträucher für den Garten (NABU Hamburg)

Nützliches Wissen zum Thema Wald

Wälder, Wald-Arten, Forstwirtschaft - einfach erklärt:
www.forsterklaert.de

ZUM WEITERLESEN

Für Kinder
ab 4 Jahren
Hille, L. u. A. (2023): **Meine ersten Naturführer: Was krabbelt denn da? Welche Tierspur ist das? Was lebt im Garten? Was fliegt denn da? Was lebt im Wald?** Einzelne Bände. Die Natur entdecken für Kinder ab 4, mit Tieren und Pflanzen, die Kinder auf jeden Fall finden! 36 Seiten. Kosmos, Stuttgart

ab 8 Jahren
Haag, H. (2022): **Was fliegt denn da?** Kindernaturführer: 85 heimische Vogelarten und ihre Gesänge. 112 Seiten. Kosmos, Stuttgart

Haag, H. (2022): **Welcher Baum ist das?** Kindernaturführer: 85 heimische Bäume & Sträucher. 112 Seiten, Kosmos, Stuttgart

Oftring, B. (2021): **Was lebt im Garten?** Kindernaturführer: 85 heimische Tiere und Pflanzen, 112 Seiten, Kosmos, Stuttgart

Oftring, B. (2022): **Was krabbelt denn da?** Kindernaturführer: Insekten, Spinnen, Tausendfüßer, Asseln. 112 Seiten, Kosmos, Stuttgart

Oftring, B. (2023): **Mein Kosmos-Buch Natur: Über 464 heimische Arten: Tiere, Pflanzen und Pilze vor unserer Haustür.** 208 Seiten, Kosmos, Stuttgart

Schulte, A. (2021): **Meine Schnitzwerkstatt: 50 neue Schnitzideen von leicht bis schwer.** 96 Seiten. Kosmos, Stuttgart

Schulte, A. (2022): **Das Feuerbuch: Alles rund ums Feuermachen.** 80 Seiten, Kosmos, Stuttgart

Stichmann-Marny, U. & Herrmann, H. (2022): **Was blüht denn da?** Kindernaturführer: 85 heimische Blumen. 112 Seiten, Kosmos, Stuttgart

Van Saan, A. u. A. (2022): **Tier- und Pflanzenführer.** Kindernaturführer: 250 Arten und 70 Tierstimmen. 256 Seiten, Kosmos, Stuttgart

ZUM WEITERLESEN

Für Erwachsene

Diez, O. (2023): **Unsere essbare Natur: Wildkräuter, Bäume, Sträucher und Pilze bestimmen, sammeln, zubereiten.** 90 heimische Arten in über 500 Fotos und Zeichnungen, mehr als 120 Rezepte. 272 Seiten, Kosmos, Stuttgart

Gerstmeier, R. (2022): **BASIC Insekten: 105 Arten einfach und sicher erkennen - In drei Schritten zur richtigen Art**. 128 Seiten, Kosmos, Stuttgart

Haag, H. (2022): **Einfach Bäume: 100 Arten ganz leicht erkennen.** Mit mehr als 300 Illustrationen. 128 Seiten, Kosmos, Stuttgart

Hecker, K. & F. (2020): **Meine Vogel-Snackbar. Vogelfutter selber machen.** 72 Seiten, Kosmos, Stuttgart

Hecker, K. & F. (2021): **Mach was draus. Mit der Natur durch Herbst und Winter.** 72 Seiten, Kosmos, Stuttgart

Hecker, K. & F. (2022): **Mach was für Vögel. Do-it-yourself-Ideen, Pflanzen und Nistplätze für Gartenvögel.** 72 Seiten, Kosmos, Stuttgart

Hecker, K. & F. (2023): **Mach was draus. Mit der Natur durch Frühjahr und Sommer.** 72 Seiten, Kosmos, Stuttgart

Hecker, K. & F. (2023): **Mach was für Eichhörnchen. Schnelle Tipps für süße Nager.** 72 Seiten, Kosmos, Stuttgart

Kern, S. (2017): **Mein Garten summt! Ein Platz für Bienen, Hummeln und Schmetterlinge. Gestaltung und Planung eines insektenfreundlichen Gartens.** 128 Seiten, KOSMOS

Khil, L. (2023): **Vögel beobachten. Der praktische Einstieg: Arten finden und unterscheiden lernen.** Das Praxisbuch mit vielen Übungen. 128 Seiten, Kosmos, Stuttgart

Neumeier, M. (223): **Igel im Garten. So kannst du ihnen helfen. Mit den wichtigsten Dos und Don'ts für einen igelfreundlichen Garten und die richtige Pflege von hilfsbedürftigen Igeln.** 96 Seiten, KOSMOS

Die meisten Kosmos-Bücher sind zudem auch als E-Book erhältlich.

REGISTER

REGISTER

REGISTER

L

M

REGISTER

REGISTER

T

U

128 S.

128 S.

128 S.

128 S.

So wird der Garten
—— zum Igelparadies

96 S.

Igel sind nicht nur niedliche Tiere, sondern auch nützliche Gartenbewohner. Übersichtlich, leicht verständlich und kompetent beschreibt dieses Buch alles Wissenswerte zu Lebensraum, Nahrung, Fortpflanzung und Aufzucht der scheuen Gartenbewohner und erklärt, worauf es für Igel im Familiengarten ankommt.

Kreative DIY-Ideen und ein Erste-Hilfe-Kurs für kranke oder verwaiste Igel machen die Gartenbesitzer igel-fit und den eigenen Garten zum wahren Igelparadies.

BILDNACHWEIS

andtam1/Adobe Stock (1): 110ur, **Anja cocoparisienne/Pixabay (1):** 74ur; **Lukas Bast/ Adobe Stock (1):** 2; **Heiko Bellmann / Frank Hecker (39):** 78o, 140, 141 (Kreis), 183 (Kreis), 186, 187, 189, 193 (Kreis), 196 (Kreis), 199l, 202or, 203or, 203ur, 207l, 208l, 211 (Kreis), 220 (Kreis), 222ol, 222ur, 227o, 229r, 231 (beide), 233 (Kreis), 238o, 248l, 251o, 271 (beide), 275l, 279 (beide), 287o, 289 (beide), 294 (beide), 312o, 320o; **Blickwinkel über Hecker (12):** 124l, 124r, 137o, 141o, 144 (Kreis), 147l, 160ol, 160ul, 163 (Kreis), 265 (Kreis), 272, 284o; **PetrBonek/iStock (1):** 101u; **Wolfgang Buchhorn/Frank Hecker (15):** 66u, 119o, 122 o, 144o, 151l, 152u, 157r, 158, 159o, 163o, 167, 175o, 178l, 179 (Kreis), 190; **Jim Ferguson (1):** 139 (Kreis); **Robert Flogaus-Faust (1):** 257 (Kreis); **Krzystof Golik (1):** 278o; **Wouter Hagens (1):** 250 (Kreis); **Katharina Hedder (95):** 6, 18u, 21o, 21u, 22 (alle drei), 25 (beide), 26 (alle drei), 29M, 29u, 30 (alle drei), 34 (beide), 38 (beide), 41 (alle drei), 42 (alle drei), 45u, 46 (alle drei), 49 (beide), 50 (beide), 53 (alle drei), 54o, 57 (beide), 58u, 61 (alle drei), 62 (alle drei), 65 (beide), 70 (alle drei), 73 (beide), 74o, 74Ml, 77M, 77u, 78M, 78u, 82 (alle drei), 85o, 85ur, 86 (alle drei), 90M, 90u, 93 (beide), 94 (alle drei), 97 (alle drei), 102M, 102u, 105 (beide), 106M, 106u, 109 (beide), 113 (alle drei), 114o, 114M, 117 (alle drei); **Frank Hecker (386):** 7, 8, 9, 10, 11, 13, 18o, 29o, 37 (alle 3), 45o, 54u, 58o, 66o, 69 (alle 3), 77o, 81 (alle 3), 89 (beide), 98 (alle 3), 106o, 110o, 110M, 114u, 119 (unteren 6), 120 (Kreis), 121o, 122 (Kreis), 123 (Kreis), 125 (beide), 127, 128 (beide), 129 (beide), 130 (beide), 131, 132 (beide), 133o, 134 (Kreis), 135 (beide), 136 (beide), 137 (Kreis), 138, 139o, 142 (beide), 143 (beide), 145, 146, 147r, 148, 149, 150, 151r, 153 (beide), 154 (beide), 155 (beide), 156 (beide), 157l, 160or, 161ol, 161or, 161ul, 162 (beide), 164 (Kreis), 165 (beide), 166 (beide), 168 (beide), 169, 170 (beide), 171 (beide), 172 (alle 4), 173 (alle 4), 174 (beide), 175 (Kreis), 176r, 177 (beide), 178r, 179o, 180 (beide), 181 (beide), 182 (beide), 183o, 184 (beide), 185 (beide), 188, 191 (beide), 192 (beide), 193o, 194 (alle 3), 195 (alle 5), 196o, 197 (beide), 198 (beide), 199r, 200 (beide), 201 (beide), 202ol, 202ul, 202ur, 203ol, 203ul, 204 (beide), 205, 206 (beide), 207r, 208r, 209 (beide), 210 (beide), 211o, 212 (beide), 213 (beide), 214 (beide), 215, 216 (beide), 217 (beide), 218 (beide), 219 (beide), 220o, 221 (beide), 222or, 222ul, 223ol, 223ul, 223ur, 224 (beide), 225 (beide), 226 (beide), 227 (Kreis), 228 (beide), 229l, 230, 232, 233o, 234 (beide), 235 (beide), 236 (beide), 237 (beide), 238 (Kreis), 239o, 240 (beide), 241 (beide), 242o, 243 (beide), 244 (alle 4), 245 (alle 5), 246 (beide), 247 (beide), 248r, 249 (beide), 250o, 251 (Kreis), 252, 253 (beide), 254 (beide), 255 (beide), 256 (beide), 257o, 258 (beide), 259, 260 (alle 3), 261 (oberen 5), 262 (beide), 263 (beide), 264 (beide), 265o, 266, 267 (beide), 268 (beide), 269 (beide), 270 (beide), 273 (beide), 274 (beide), 275r, 276 (beide), 277 (beide), 278 (Kreis), 280 (beide), 281o, 282 (beide), 283 (beide), 284 (Kreis), 285 (beide), 286 (beide), 287 (Kreis), 288 (beide), 290 (beide), 291, 292 (beide), 293 (beide), 295 (beide), 296 (beide), 297 (beide), 298 (beide), 299 (beide), 300 (alle 6), 301 (alle 5), 302 (beide), 303 (beide), 304 (beide), 305 (beide), 306 (beide), 307 (beide), 308 (beide), 309 (beide), 310 (beide), 311 (beide), 312 (Kreis), 313 (beide), 314 (alle 4), 315 (alle 6), 316 (beide), 317 (beide), 318 (beide), 319 (beide), 320 (Kreis), 321 (beide), 322 (beide), 323 (beide), 324 (beide), 325 (beide), 326 (Kreis), 327o, 328 (alle 4), 329ol, 329r, 331; **Martin Herzog/iStock (1):** 10; **Agnieszka Kwiecien (1):** 327 (Kreis); **Henk Van Lottum (1):** 242 (Kreis); **Lyobov/Adobe Stock (1):** 16; **MaBraS/Pixabay (1):** 85ul; **Becky Matsubara (1):** 161ur; **Eckhard Mestel/Frank Hecker (6):** 120o, 121 (Kreis), 123o, 126, 152o, 176l; **Myriams-Fotos/Pixabay (1):** 102o; **New Afrika/Adobe Stock (1):** 118; **Jerzy Opiola (1):** 326o; **Katja Otto/Seele_baumelt/Pixabay (1):** 90o; **Philmarin (1):** 281 (Kreis); **Benoit Prieur (1):** 261u; **Birgit Puck/Adobe Stock (1):** 33; **Hermann Schachner (1):** 329ul; **Rudolf Schmidt/Frank Hecker (2):** 159 (Kreis), 164o; **Imran Shah (1):** 160ur; **Andreas Trepte (1):** 133 (Kreis); **Université Laval (1):** 239 (Kreis); **Volodymyr/Adobe Stock (1):** 66M; **Markus Wegmann/Adobe Stock (1):** 101o; **Jacopo Werther (1):** 223or; **Solvin Zankl (1):** 134o.

Mit 46 Piktogrammen: **artenot/Shutterstock (4):** 5o, 61, 140, 155, 199, 203, 215; **artenot/Shutterstock, bearbeitet von Michaela Kienle (15):** 3, 4, 5u, 6, 8, 10, 12, 34, 37, 42, 44, 49, 50, 62, 70, 73, 81, 93, 94, 97, 98, 102, 105, 109, 117, 127, 161, 19[illegible], 195, 223, 232, 237, 245, 248, 252, 261, 266, 272, 280, 291, 302, 309, 317, 326, 329, 335, 336, 350; alle übrigen Piktogramme von **Michaela Kienle (27)**.

IMPRESSUM

Mit 599 Farbfotos und 46 Piktogrammen (siehe Bildnachweis).
Mit 81 Tierstimmen von **Jean C. Roché** auf der KOSMOS-PLUS-App.

Umschlag- und Klappengestaltung von **Gramisci Editorial Design (Isabelle Fischer)**, München, unter Verwendung folgender Fotos: Umschlagvorderseite: Eichhörnchen von **Nadja Tighe/Pixabay**, Himbeerblatt von **Frank Hecker**, Illustrationen von **Isabelle Fischer**. Klappengestaltung vorne: Buschwindröschen von **Couleur/Pixabay**, Kinderhand mit Gänseblümchen von **Martin Herzog/iStock**, Klappengestaltung hinten: Autorinnenfoto von **Katharina Hedder**. Alle anderen Fotos stammen aus dem Innenteil des Buches. Illustrationen von **Marianne Golte-Bechtle** (Blüten), **Wolfgang Lang** (Blattstellungen gegen- und wechselständig), **Anna Schulz** (Blattstellung quirlständig), **Roland Spohn** (Baum) und **Steffen Walentowitz** (Goldammer, Stockente, Käfer).

Alle Angaben in diesem Buch erfolgen nach bestem Wissen und Gewissen. Sorgfalt bei der Umsetzung ist indes geboten. Der Verlag und die Autorin übernehmen keinerlei Haftung für Personen-, Sach- oder Vermögensschäden, die aus der Anwendung der vorgestellten Materialien und Methoden entstehen können.

Unser gesamtes Programm finden Sie unter **kosmos.de**
Über Neuigkeiten informieren Sie regelmäßig unsere Newsletter, einfach anmelden unter **kosmos.de/newsletter**

FSC www.fsc.org MIX Papier | Fördert gute Waldnutzung FSC® C015829

*Quelle: Media Control MC Metis, Deutschland, FY 2021, WG 420-Natur und WG 422-Naturführer, Umsatz

Gedruckt auf chlorfrei gebleichtem Papier

ISBN: 978-3-440-17835-5
Projektleitung: Stefanie Tommes
Lektorat und Satz: Barbara Kiesewetter, München
Produktion: Markus Schärtlein
Gestaltungskonzept: Gramisci Editorial Design (Claudia Geffert), München
Druck und Bindung: Printer, Trento
Printed in Germany / Imprimé en Italie

SPRECHT IHR NATUR?

Wir haben versucht in diesem Buch auf Fachausdrücke zu verzichten. Damit es dennoch einfacher ist, bestimmte Merkmale den Tieren und Pflanzen klar zuzuordnen, helfen diese ausgewählten Illustrationen und ihre Beschriftungen.

Vögel

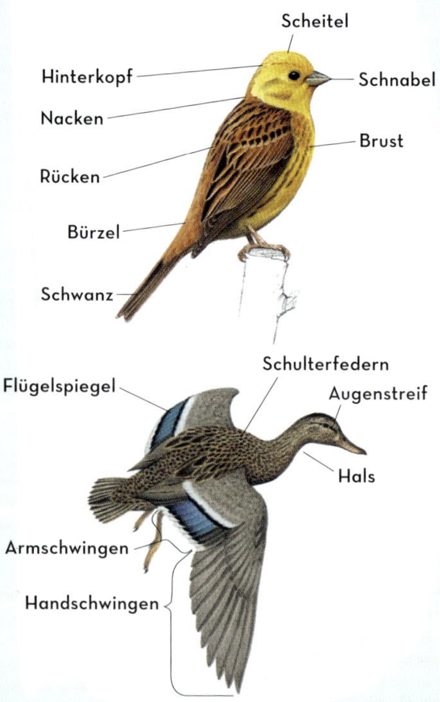

Insekten

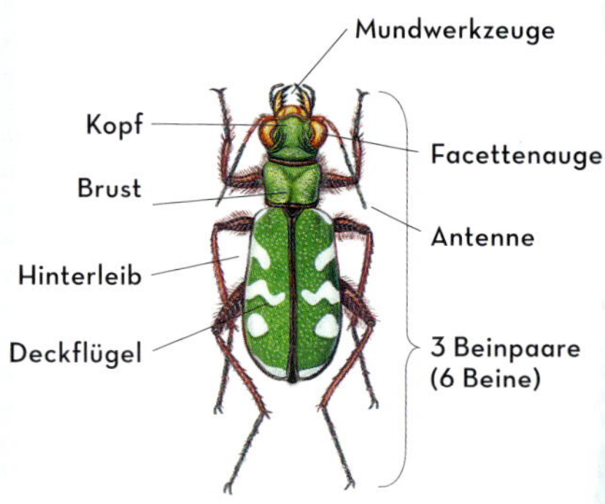